Ben Stacy Jerrik (Hrsg.)

Beulenkrokodil

Ben Stacy Jerrik (Hrsg.)

Beulenkrokodil

Echte Krokodile, Landwirbeltiere, Pierre Marie Arthur Morelet, Landwirbeltiere, Reptilien, Nasenbein

Part Press

Imprint

Publisher:
Part Press is a trademark of
International Book Market Service Ltd., 17 Rue Meldrum, Beau Bassin, 1713-01 Mauritius
Email: info@bookmarketservice.com
Website: www.bookmarketservice.com

Published in 2011

Printed in: U.S.A., U.K., Germany. This book was not produced in Mauritius.

ISBN: 978-613-8-93440-0

Contents

Articles

References

Beulenkrokodil

Beulenkrokodil	
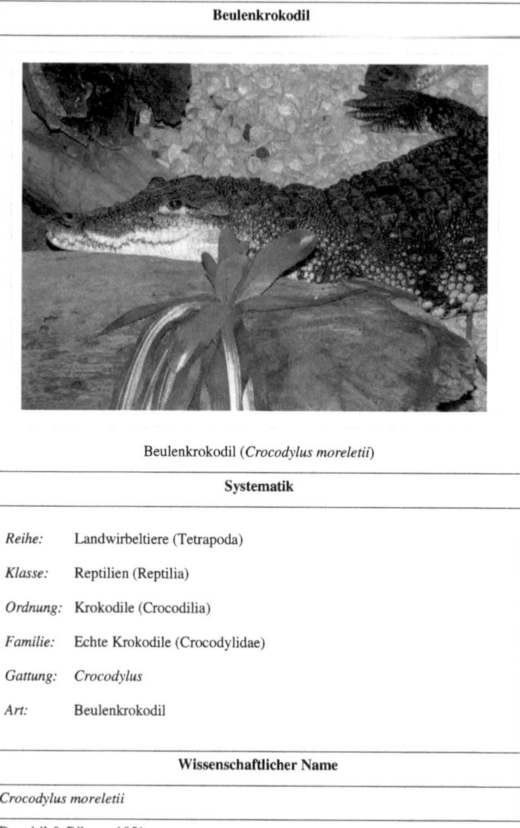	
Beulenkrokodil (*Crocodylus moreletii*)	
Systematik	
Reihe:	Landwirbeltiere (Tetrapoda)
Klasse:	Reptilien (Reptilia)
Ordnung:	Krokodile (Crocodilia)
Familie:	Echte Krokodile (Crocodylidae)
Gattung:	*Crocodylus*
Art:	Beulenkrokodil
Wissenschaftlicher Name	
Crocodylus moreletii	
Duméril & Bibron, 1851	

Das **Beulenkrokodil** (*Crocodylus moreletii*) ist ein mittelamerikanischer Vertreter aus der Familie der Echten Krokodile. Sein wissenschaftlicher Name ehrt den französischen Naturkundler Pierre Marie Arthur Morelet (1809-1892).

Merkmale

Das Beulenkrokodil wird maximal drei bis 3,50 Meter lang und gehört somit zu den kleineren Arten der Krokodile. Es ist meist braun und durch schwarze Querstreifen und Flecken auf dem Körper und Schwanz gezeichnet. Dabei ist es meist dunkler gefärbt als das sympatrisch vorkommende Spitzkrokodil (*Crocodylus acutus*). Die Schnauze der Tiere ist relativ breit und besitzt einen flachen Grat entlang der Nasenbeine. Namensgebend für den deutschen Namen sind die mächtigen verknöcherten Nackenschilde der Tiere, der Rückenpanzer ist ungleichmäßig beschuppt.

Verbreitung

Das Verbreitungsgebiet des Beulenkrokodils ist auf Mittelamerika beschränkt und reicht von Zentral-Tamaulipas (Mexiko) über die Yucatán-Halbinsel und Chiapas bis ins zentrale Belize und zur Petén-Region in Nord-Guatemala. Es lebt vor allem in Sümpfen und kleineren Teichen und Seen im Süßwasser, kann jedoch auch in den küstennäheren Bereichen der Flüsse gemeinsam mit dem Spitzkrokodil vorkommen. Es ist ein schneller Jäger.

Verbreitung

Lebensweise

Beulenkrokodile legen ihre Eier in Hügelnester und bewachen sie. Es wurde auch beobachtet, dass die Mütter die Nester öffnen und die Jungtiere zum Wasser tragen.

Die Jungtiere ernähren sich vor allem von Insekten, Nacktschnecken und anderen Kleintieren. Erwachsene Beulenkrokodile jagen außerdem Schlammschildkröten, Fische und kleine Säugetiere.

Literatur

- Charles A. Ross (Hrsg.): *Krokodile und Alligatoren – Entwicklung, Biologie und Verbreitung*, Orbis Verlag Niedernhausen 2002
- Joachim Brock: *Krokodile – Ein Leben mit Panzerechsen*, Natur und Tier Verlag Münster 1998

Weblinks

- *Crocodylus moreletii* [1] in The Reptile Database

References

[1] http://reptile-database.reptarium.cz/search.php?genus=Crocodylus&exact%5B%5D=genus&species=moreletii&exact%5B%5D=species&submit=Search

Echte_Krokodile

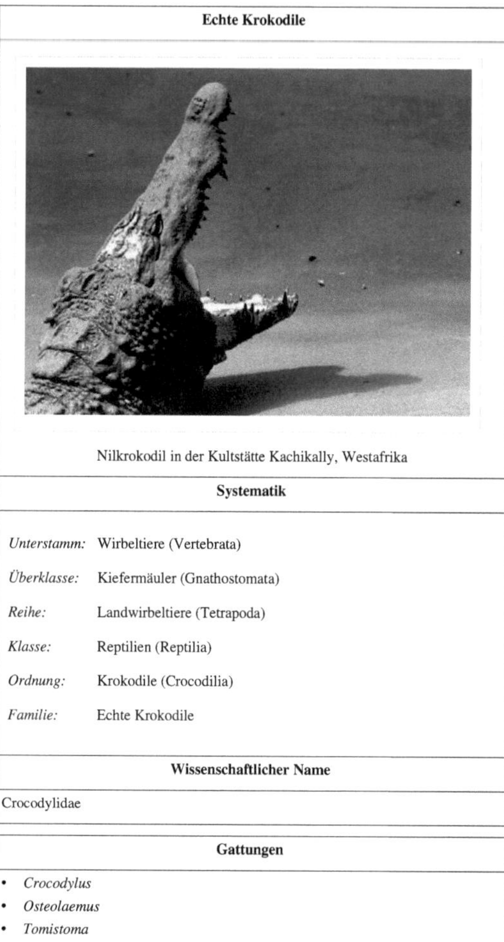

Echte Krokodile	
Nilkrokodil in der Kultstätte Kachikally, Westafrika	
Systematik	
Unterstamm:	Wirbeltiere (Vertebrata)
Überklasse:	Kiefermäuler (Gnathostomata)
Reihe:	Landwirbeltiere (Tetrapoda)
Klasse:	Reptilien (Reptilia)
Ordnung:	Krokodile (Crocodilia)
Familie:	Echte Krokodile
Wissenschaftlicher Name	
Crocodylidae	
Gattungen	
• *Crocodylus* • *Osteolaemus* • *Tomistoma*	

Die **Echten Krokodile** sind eine Familie der Krokodile (Crocodilia). Mit insgesamt 14 Arten stellen sie die größte Familie neben den Alligatoren (Alligatoridae) und den Gavialen (Gavialidae) dar. Die Arten leben in den tropischen Regionen Afrikas, Asiens und Ozeaniens sowie Amerikas. In dieses Taxon gehören folgende Arten:

- **Echte Krokodile (Crocodylidae)**
  - Gattung: *Crocodylus*
    - Salzwasserkrokodil oder Leistenkrokodil (*Crocodylus porosus*)
    - Nilkrokodil (*Crocodylus niloticus*)
    - Kuba- oder Rautenkrokodil (*Crocodylus rhombifer*)
    - Spitzkrokodil (*Crocodylus acutus*)
    - Orinoko-Krokodil (*Crocodylus intermedius*)

  - Sumpfkrokodil (*Crocodylus palustris*)
  - Siam-Krokodil (*Crocodylus siamensis*)
  - Philippinen-Krokodil (*Crocodylus mindorensis*)
  - Beulenkrokodil (*Crocodylus moreletii*)
  - Neuguinea-Krokodil (*Crocodylus novaeguineae*)
  - Australien-Krokodil (*Crocodylus johnsoni*)
  - Panzerkrokodil (*Crocodylus cataphractus*)
- Gattung: *Ostaeolaemus*
  - Stumpfkrokodil (*Ostaeolaemus tetraspis*)
- Gattung: *Tomistoma*
  - Sunda-Gavial oder Falscher Gavial (*Tomistoma schlegelii*)

Von den Alligatoren und besonders vom Gangesgavial, dem einzigen rezenten Vertreter der Gaviale, unterscheiden sich die Echten Krokodile vor allem durch Merkmale des Schädels. Bei ihnen (wie auch bei den Alligatoren) stoßen die Nasenbeine mit den Prämaxillaren zusammen. Die Schnauze ist meist breit und nicht für besondere Fangmethoden spezialisiert. Die unteren Zähne greifen alle in Gruben des Oberkiefers, anders als bei den Alligatoren greift jedoch der vierte Zahn in eine Lücke und ist von außen auch bei geschlossenem Maul sichtbar. Die Bauchschuppen besitzen besondere Sinnesgruben.

Literatur

- Charles A. Ross (Hrsg.): *Krokodile und Alligatoren – Entwicklung, Biologie und Verbreitung*, Orbis Verlag Niedernhausen 2002

Weblinks

bjn:Buhaya nso:Kwena

Landwirbeltiere

Landwirbeltiere

Beispiele für die vier Klassen der Tetrapoden: Amphibien (Frosch), Vögel (Hoatzin), Säugetiere (Maus), Reptilien (Skink)

Systematik

Unterabteilung:	Bilateria
Überstamm:	Neumünder (Deuterostomia)
Stamm:	Chordatiere (Chordata)
Unterstamm:	Wirbeltiere (Vertebrata)
Überklasse:	Kiefermäuler (Gnathostomata)
Reihe:	Landwirbeltiere

Wissenschaftlicher Name

Tetrapoda

Broili, 1913

Klassen

- Amphibien (Amphibia)
- Amnioten
  - Reptilien (Reptilia)
  - Vögel (Aves)
  - Säugetiere (Mammalia)

Als **Landwirbeltiere** (Tetrapoda) fasst man in der biologischen Systematik die Wirbeltiere zusammen, die über vier (gr. = *tetra*) Füße (gr. = *podes*) verfügen. Dazu gehören also die Amphibien (Amphibia), die Reptilien (Reptilia), die Vögel (Aves) und die Säugetiere (Mammalia) einschließlich des Menschen. Die vier Füße können im Laufe der Evolution sekundär wieder verloren gegangen sein, wie bei den Schlangen (Serpentes), oder die Vorderbeine haben sich zu Flossen (u.a. Wale) oder Flügeln (u.a. Vögel, Fledertiere, Flugsaurier) entwickelt. Heute gehören etwa 26.700 Tierarten zu den Landwirbeltieren. Einige sind daran angepasst, zeitweise in der Luft zu leben, darunter Vögel und Fledertiere. Einige Landwirbeltiere sind teilweise (Robben, Pinguine) oder vollständig (Wale, Seekühe, einige Seeschlangen und Amphibien) wieder zum Leben im Wasser zurückgekehrt.

Merkmale

Für das Leben an Land ist eine Reihe von Anpassungen nötig. Die paarigen Gliedmaßen werden zu Füßen. Das feste Innenskelett ist durch die Abstammung von den Sarcopterygii schon teilweise vorhanden. Neu entstehen Gelenke und Zehen. Frühe Landwirbeltiere haben zunächst mehr als fünf Zehen, *Acanthostega* hat acht am Vorderbein, *Ichthyostega* sieben am Hinterbein und *Tulerpeton* sechs am Vorderbein. Bei manchen Landwirbeltieren z. B. einigen Schwanzlurchen, den Laufvögeln, Paarhufern und Unpaarhufern wird die Anzahl der Zehen später weiter reduziert. Das Skelett muss das Gewicht des Körpers tragen, die Wirbelsäule wird fester. Das Becken wird fest mit der Wirbelsäule verbunden.

Alle Landwirbeltiere atmen mit Lungen, auch die sekundär zum Wasserleben zurückgekehrten Ichthyosaurier, Wale und Seekühe. Lediglich die an das Wasserleben angepassten Larven der Lurche und solche Lurche, die bereits im Larvenstadium geschlechtsreif werden wie der Axolotl, atmen mit Kiemen.

Körperteile und Organe, die nur zum Wasserleben nützlich sind werden zurückgebildet, die unpaaren Flossen, die Kiemendeckel. Kiemenspalten besitzen nur noch die Amphibien während ihrer Lavalphase. Das Spiraculum wird zum Mittelohr und durch das Trommelfell nach außen geschlossen. Die Schallübertragung erfolgt durch das Columella. Bei den Säugetieren kommen später zwei weitere Gehörknöchelchen, Hammer (*Malleus*) und Amboss (*Incus*), hinzu.

Entwicklungsgeschichte

Eusthenopteron

Panderichthys

Tiktaalik

Früher nahm man an, dass die Vorfahren der Landwirbeltiere heute als Fossilien erhaltene Quastenflosser waren, die im Ober-Devon auf vier gestielten, muskulösen, quastenartigen Flossen aus dem Wasser ans Ufer krochen, um sich über kurze Strecken an Land zu bewegen. Die Gewässer seien damals immer öfter ausgetrocknet und die Fische genötigt gewesen, sich aufs Land zu begeben, um neue Lebensräume zu erobern. Aus den auf diesen Landgängen benutzten Flossen hätten sich im Rahmen der Makroevolution dann die Beine der Amphibien entwickelt.

Neueren Erkenntnissen zufolge lebten die ersten systematisch zu den Landwirbeltieren gezählten Tiere, deren Nachfahren dann schließlich vor 365 Millionen Jahren das Land eroberten, noch im Wasser – ihre Beine entwickelten sich also dort. Die eigentlichen Vorfahren dieser Tiergruppe waren danach Verwandte der Lungenfische, die sich mit vier bereits beinähnlichen Gliedmaßen auf dem mit Wasserpflanzen bewachsenen Sumpfboden von Süßgewässern bewegten. Der rund 365 Millionen Jahre alte fischähnliche *Panderichthys* besitzt zum Beispiel Knochen, die seine enge Verwandtschaft mit den Landwirbeltieren verraten. Auch *Acanthostega* belegt, dass sich die vier Gliedmaßen der Landwirbeltiere bereits im Wasser entwickelten. Seine Vorder- und Hinterextremitäten sind so gebaut, dass die Knochen den schweren Körper auf dem Land nicht hätten tragen können. Zudem atmete *Acanthostega* noch über Kiemen und nicht über Lungen, war also eindeutig ein Wassertier, das sich mit vier Beinen im Wasser bewegte.

Siehe auch Landgang (Biologie).

Systematik

Äußere Systematik

Hynerpeton

Landwirbeltiere gehören phylogenetisch zu den Sarcopterygii, die in der traditionellen Systematik nur aus Quastenflosser und Lungenfischen bestehen.

Zwar sind die Landwirbeltiere eine monophyletische Gruppe, jedoch werden durch sie die Knochenfische zu einer paraphyletischen Gruppe, da die Quastenflosser und die Lungenfische phylogenetisch näher mit den Landwirbeltieren verwandt sind als mit den übrigen Knochenfischen. In der Phylogenie wird deshalb oft der Ausdruck Knochenkiefermäuler (Osteognathostomata) benutzt, der die Knochenfische und die Landwirbeltiere einschließt.

Tulerpeton

- Wirbeltiere (Vertebrata)
  - Kiefermäuler (Gnathostomata)
    - Knochenkiefermäuler (Osteognathostomata)
      - Muskelflosser (Sarcopterygii)
        - Coelacanthimorpha
          - Quastenflosser (Coelacanthiformes)
        - Dipnotetrapodomorpha
          - Lungenfische (Dipnoi)
          - Tetrapodomorpha
            - † *Eusthenopteron*
            - † *Panderichthys*
            - † *Tiktaalik*
            - **Landwirbeltiere** (Tetrapoda)

Crassygyrinus scoticus

Alpensalamander

Innere Systematik

Man unterscheidet in Abgrenzung zu den Fischen traditionell vier Klassen (hier fett hervorgehoben). Die basalen Tetrapoda, die früher als Amphibien angesehen wurden, werden heute meistens im Sinne der Kladistik keiner der vier Klassen zugeordnet.

Kladogramm nach Benton 2007 [1] .

Diadectes

- **Landwirbeltiere** (Tetrapoda)
  - † *Ventastega*
  - † *Metaxygnathus*
  - † *Acanthostega*
  - † *Ichthyostega*
  - † *Tulerpeton*
  - Kronengruppentetrapoden, alle Karbon und später
    - † Colosteidae

- † *Crassigyrinus*
- † Whatcheeriidae
- † Baphetidae
- † Temnospondyli / Batrachomorpha
    - Moderne **Amphibien** Position unsicher
- unbenanntes Monophylum
    - † Lepospondyli
    - Reptiliomorpha
        - † Anthracosauria

Giraffe *(Giraffa camelopardalis)*

- Batrachosauria
    - † Seymouriamorpha
    - † Diadectomorpha
    - Amniota
        - **Reptilien**
            - **Vögel**
        - Synapsiden
            - **Säugetiere**

Quellen

Einzelnachweise

[1] Michael J. Benton: *Paläontologie der Wirbeltiere.* 2007, ISBN 3-89937-072-4

Literatur

- Robert L. Carroll: *Paläontologie und Evolution der Wirbeltiere*, Thieme, Stuttgart (1993), ISBN 3-13-774401-6
- Volker Storch, Ulrich Welsch: *Systematische Zoologie*, Fischer, 1997, ISBN 3-437-25160-0

Weblinks

- Michel Laurin: *Terrestrial Vertebrates* The Tree of Life Web Project (http://tolweb.org/Terrestrial_Vertebrates/14952)
- Jennifer A. Clack: *The Definition of the Taxon Tetrapoda* The Tree of Life Web Project (http://tolweb.org/accessory/Definition_of_the_Taxon_Tetrapoda?acc_id=501)
- Michel Laurin, Marc Girondot and Armand de Ricqlès: *Early Tetrapod evolution*, PDF (http://www.ese.u-psud.fr/epc/conservation/Publi/abstracta/AE_TREE2000.pdf)
- Marcello Ruta,, Jonathan E. Jeffery, Michael I. Coates: *A supertree of early tetrapods.* PDF (http://www.pubmedcentral.nih.gov/picrender.fcgi?artid=1691537&blobtype=pdf)
- What's a "Tetrapod"? Palaeos.com (http://www.palaeos.com/Vertebrates/Units/150Tetrapoda/150.000.html#What's+a+)
- Introduction to the Tetrapoda University of California Museum of Paleontology (http://www.ucmp.berkeley.edu/vertebrates/tetrapods/tetraintro.html)
- Getting a Leg Up on Land Scientific America (http://www.sciam.com/print_version.cfm?articleID=000DC8B8-EA15-137C-AA1583414B7F0000)

- Devonian Times (http://www.devoniantimes.org/index.html)
- Fische auf dem Trockenen (http://www.wissenschaft.de/wissen/hintergrund/173013.html)

Reptilien

Reptilien	
 Beispiele der 4 Reptiliengruppen: Krokodilkaiman (*Caiman crocodilus*), Suppenschildkröte (*Chelonia mydas*), Brückenechse (*Sphenodon punctatus*), Diamant-Klapperschlange (*Crotalus adamanteus*).	
Systematik	
Überstamm:	Neumünder (Deuterostomia)
Stamm:	Chordatiere (Chordata)
Unterstamm:	Wirbeltiere (Vertebrata)
Überklasse:	Kiefermäuler (Gnathostomata)
Reihe:	Landwirbeltiere (Tetrapoda)
Klasse:	Reptilien
Wissenschaftlicher Name	
Reptilia	
Laurenti, 1768	

Die **Reptilien** (Reptilia) oder **Kriechtiere** (lat. *reptilis* „kriechend“) bilden eine Klasse der Wirbeltiere am Übergang zwischen den niederen (Anamnia) und höheren Wirbeltieren (Amnioten). Als phylogenetisches Taxon, also als geschlossene Abstammungsgruppe, müssten sie auch die Vögel enthalten. In der hier wiedergegebenen klassischen Zusammenstellung sind die Reptilien entsprechend keine natürliche Gruppe, sondern ein paraphyletisches Taxon, weil sie nicht alle Nachkommen ihres letzten gemeinsamen Vorfahren enthalten. Das Taxon „Reptilien“ ist demnach nicht mehr als wissenschaftlich gültig anzusehen, sondern nur noch als eine Beschreibung sich morphologisch ähnelnder Tiere.

Reptilien besitzen einen Schwanz, Hornschuppen-Haut und vier Beine (bei Schlangen und einigen Echsen zurückgebildet). Sie sind Lungenatmer. Reptilien legen Eier (Oviparie), gebären lebende Junge (Viviparie) oder sind eierlebendgebärend (Ovoviviparie) und sie bilden - im Gegensatz zu den Amphibien - kein Larvenstadium aus. Reptilien sind ektotherme und wechselwarme (poikilotherme) Tiere, die ihre Körpertemperatur soweit wie möglich durch Verhalten regulieren (z. B. Sonnenbaden).

Die wissenschaftliche Beschäftigung mit Reptilien fällt in das Gebiet der Herpetologie. Das Wissen um ihre Pflege und Zucht in Terrarien bezeichnet man als Terraristik oder Terrarienkunde, die ein Teil der Vivaristik ist.

Abstammungsgeschichte

Stammesgeschichtlich stammen Reptilien und Vögel von amphibischen Landwirbeltieren ab. Im Unterschied zu den Reptilien fehlt dem Ei der Amphibien das Amnion, das bei dem Amnioten den sich entwickelnden Embryo umgibt. Die Amnioten sind im Gegensatz zu den Lurchen zur Fortpflanzung nicht auf Gewässer angewiesen, und auch generell besser an trockene Lebensräume angepasst. Amniota besitzen kein Seitenlinienorgan, wie es meist bei den Amphibien zu finden ist.

Die Amniota spalteten sich in zwei Zweige auf, die nach der charakteristischen Anzahl und Lage von seitlichen Öffnungen im Schädel, der Schläfen- oder Temporalfenster, als Synapsida (eine Öffnung) und Diapsida (zwei Öffnungen) bezeichnet werden; die Ur-Amniota (Anapsida) hatten keine Schläfenöffnungen. Von den Diapsida stammen die Reptilien mit so bekannten Gruppen wie den Dinosauriern (Dinosauria) oder den ausgestorbenen Flugsauriern (Pterosauria). Als noch heute lebende (rezente) Vertreter der Dinosaurier gelten nach neuerer Ansicht die Vögel.

Bislang ungeklärt ist die systematische Stellung der Schildkröten (Testudinata): Ihr Schädel weist keine seitlichen Öffnungen auf, daher wird diese Gruppe zumeist den Anapsiden zugeordnet; einige Paläontologen nehmen jedoch an, dass die Schildkröten Nachfahren von Diapsiden sind, welche ihre Schläfenöffnungen nachfolgend reduziert haben. Auch aufgrund der Lage der Halsarterien und der Ausbildung der Aorta werden sie heute in die Verwandtschaft der Reptilien als Schwestergruppe der Archosauria eingeordnet. Die Fossilsituation erlaubt derzeit keine endgültige Klärung.

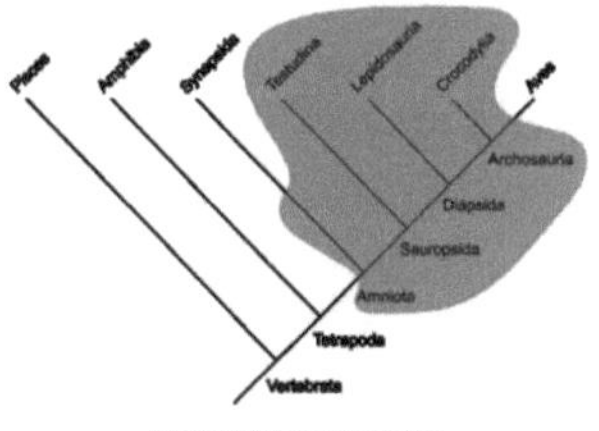

Systematik der Reptilien

Die ältesten Reptilien sind aus dem frühesten Perm vor etwa 300 Mio. Jahren fossil überliefert. Die ältesten Zeugnisse sind jedoch Fußabdrücke in einem etwa 315 Mio. Jahre [1] alten Gestein aus dem Bashkirium, der ältesten Stufe des Oberkarbons (Pennsylvanium), von Nordamerika. Die Spurenfossilien belegen zugleich erstmalig die Existenz dieser frühen Amnioten in einer wasserarmen Umwelt, in der das Amnionei vermutlich einen Fortpflanzungsvorteil bedeutet hat.[2] Eine erste Aufspaltung fand sehr früh in uneigentliche Reptilien (Parareptilia) und eigentliche Reptilien (Eureptilia) statt. Vertreter der Parareptilia sind die im Trias ausgestorbenen Procolophonida, die oft als nahe Verwandte der Schildkröten angesehen werden, und die schon im Perm ausgestorbenen Pareiasauria.

Die Eureptilia spalteten sich in eine Vielzahl von Zweigen auf. Der Zweig der Archosauria umfasst die Krokodile, die Flugsaurier und die Dinosaurier einschließlich der Vögel. Der parallele Zweig der Lepidosauria enthält die nahe verwandten Echsen, Schlangen und Doppelschleichen, sowie die etwas entfernteren Brückenechsen. Die Sauropterygia oder Flossenechsen sind eine Gruppe ausgestorbener Meeresreptilien aus dem Mesozoikum.

Systematik

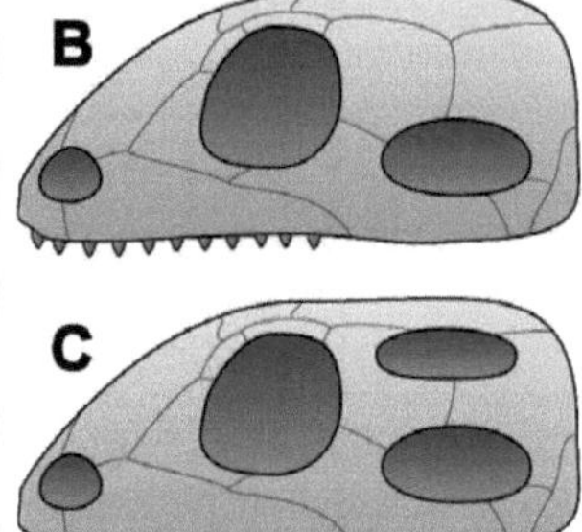

Nach der Position der Schläfenfenster werden die Reptilien in 3 systematische Gruppen eingeteilt: A = Anapsida, B = Synapsida, C = Diapsida

- Schildkröten (Testudines) (→ Systematik der Schildkröten)
- Brückenechsen (Sphenodontidae)
- Schuppenkriechtiere (Squamata)
  - Schlangenschleichen (Dibamidae)
  - Leguanartige (Iguania)
  - Geckoartige (Gekkota)
  - Skinkartige (Scincomorpha)
  - Doppelschleichen (Amphisbaenia)
  - Schleichenartige (Anguimorpha)
  - Schlangen (Serpentes) (→ Systematik der Schlangen)
- Krokodile (Crocodylia)

Eine ausführlichere kladistische Systematik, die auch die Familien und die ausgestorbenen Gruppen berücksichtigt, findet sich unter Systematik der Reptilien. Die europäischen Arten sind in der Liste europäischer Reptilien aufgeführt.

Quellen

- Wilfried Westheide / Reinhard Rieger: *Spezielle Zoologie Teil 2: Wirbel und Schädeltiere*, 1. Auflage, Spektrum Akademischer Verlag Heidelberg • Berlin, 2004, ISBN 3-8274-0307-3
- The Tree of Life Web Project [3]

Einzelnachweise

[1] Earliest evidence for reptiles (http://www.bris.ac.uk/news/2007/5650.html) University of Bristol: Press release issued 17 October 2007

[2] Howard J. Falcon-Lang, Michael J. Benton and Matthew Stimson (2007): „Ecology of earliest reptiles inferred from basal Pennsylvanian trackways“. *Journal of the Geological Society*; December 2007; v. 164; no. 6; p. 1113–1118; Abstract: doi: 10.1144/0016-76492007-015 (http://dx.doi.org/10.1144/0016-76492007-015), Artikel (PDF) (http://palaeo.gly.bris.ac.uk/Benton/reprints/2007FalconLang.pdf)

[3] http://www.tolweb.org/Amniota/14990

Weblinks

- Deutsche Gesellschaft für Herpetologie und Terrarienkunde (http://www.dght.de)
- Reptilien-Videos (http://www.naturfilme.com/Reptilien.html) – Videoaufzeichnungen online anschauen
- www.herpetofauna.at (http://www.herpetofauna.at) Die Reptilien Österreichs
- Österreichische Gesellschaft für Herpetologie (http://www.nhm-wien.ac.at/nhm/herpet/hpogh04d.htm) ÖGH
- www.reptile-database.org (http://www.reptile-database.org) Umfangreiche Datenbank zur Systematik der Reptilien (Engl.)

rue:Плазы

Krokodile

Krokodile	
 China-Alligator (*Alligator sinensis*)	
Systematik	
Stamm:	Chordatiere (Chordata)
Unterstamm:	Wirbeltiere (Vertebrata)
Überklasse:	Kiefermäuler (Gnathostomata)
Reihe:	Landwirbeltiere (Tetrapoda)
Klasse:	Reptilien (Reptilia)
Ordnung:	Krokodile
Wissenschaftlicher Name	
Crocodilia	
Owen, 1842	
Familien	
• Echte Krokodile (Crocodylidae) • Alligatoren (Alligatoridae) • Gaviale (Gavialidae)	

Die Ordnung der **Krokodile** (Crocodilia; altgr. *κροκόδιλος*, „Krokodil“) umfasst zusammen mit den Vögeln die letzten Überlebenden der Archosaurier, zu denen außer diesen noch die ausgestorbenen Pterosaurier und Dinosaurier gehörten. Von den heute noch existierenden Tiergruppen stellen die Krokodile also die Schwestergruppe der Vögel dar. Diese Verwandtschaft lässt sich aufgrund einer ganzen Reihe von Merkmalen, vor allem der Ausbildung des Herz-Kreislauf-Systems begründen. Aufgrund eines Knochenpanzers unter der Haut werden sie auch als *Panzerechsen* bezeichnet.

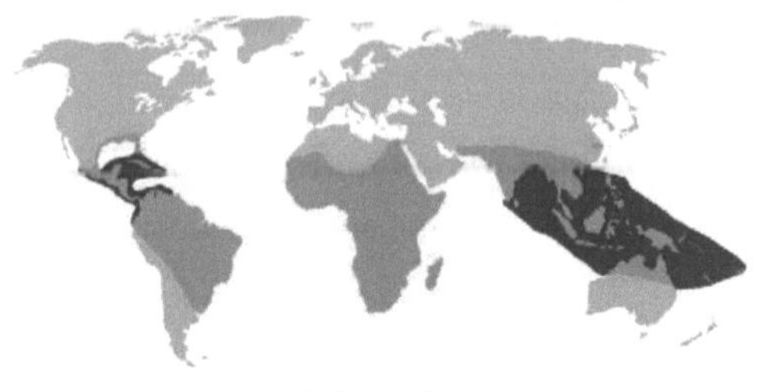

Verbreitung der Krokodile

Alle heute lebenden Krokodile leben in Flüssen und Seen der Tropen und Subtropen, nur das Salzwasserkrokodil kann auch im Meer leben und kommt häufig an den Küsten verschiedener Inseln vor. Als Anpassung an ihren Lebensraum können die Tiere sehr gut schwimmen und tarnen sich im Wasser, indem sie vollständig bis auf Augen und Nasenlöcher untertauchen.

Merkmale

Der Körperbau der heutigen Krokodile sowie ihre Physiologie sind sehr stark durch die Lebensweise im Wasser geprägt. Zu diesen Merkmalen gehören der flache Körperbau mit der meist breiten und flachen Schnauze sowie der zu einem Ruder ausgebildete und seitlich abgeflachte Schwanz. Krokodile erreichen abhängig von der Art Körperlängen von 1,20 Meter bis 6,5 Meter[1], fossile Arten erreichten sogar Körperlängen über zwölf Meter. Krokodile wachsen fast ein Leben lang, die Geschwindigkeit des Wachstums stagniert jedoch mit zunehmenden Alter, so dass der jährliche Längenzuwachs bei älteren Krokodilen nur noch wenige Zentimeter beträgt.

Krokodilformen

Schädelmerkmale

Der Schädel der Krokodile ist langgestreckt. Die Augen sind im Laufe der Evolution am Schädel weit nach oben gewandert. Die weit vorn auf der Schnauze liegenden Nasenöffnungen sind durch ein langes Kanalsystem (Choane mit sekundärem Munddach) mit dem Rachen verbunden, so dass die Tiere auch mit gefülltem Maul oder im Wasser eingetaucht problemlos atmen können. Die knöchernen Nasenöffnungen sind dabei zu einer einzigen ovalen Öffnung verschmolzen. Je nach Ernährungsweise

Von links: Gangesgavial (*Gavialis gangeticus*), Mississippi-Alligator (*Alligator mississippiensis*) und Spitzkrokodil (*Crocodylus acutus*).

unterscheiden sich die Schnauzen in der Länge und Breite bei den verschiedenen Arten. So haben die meisten Arten eine relativ breite Schnauze, die ihnen die Nutzung eines breiten Nahrungsspektrums gestattet. Arten wie der Gangesgavial (*Gavialis gangeticus*) und der Sunda-Gavial (*Tomistoma schlegelii*), die auf Fischfang spezialisiert sind, haben dagegen eine sehr schmale, lang gezogene Schnauze.

Krokodil-Schädel

Wie bei den anderen Vertretern der Archosaurier und der Diapsiden generell besitzt der Schädel beidseitig zwei Schläfenfenster, eines durch die Abflachung des hinteren Schädelbereiches auf der Oberseite, das andere seitlich hinter dem Auge. Insgesamt stellt der Schädel eine kompakte Struktur dar, mit Ausnahme des Unterkiefers können keine Teile des Schädels bewegt werden (akinetischer Schädel). Auf der Oberseite der Schnauze und auf dem Hinterhaupt ist der Schädelknochen direkt mit der darüber liegenden Haut verwachsen, zwischen Haut und Knochen bildet sich eine Kalkschicht, die „Crusta calcarea".

Die kegelförmigen, einspitzigen Zähne sind thecodont, sie sitzen also wie bei den Säugern in eigenen Zahnfächern (Alveolen) des Ober- und Unterkiefers. Je nach Art können die Zähne in Form und Länge sowie in der Anzahl variieren. Innerhalb einer Art gibt es nur einen Unterschied in der Größe, wobei die größeren Zähne häufig als „Reiß-" oder „Fangzähne" bezeichnet werden. Bei den Alligatoren (Alligatoridae) liegen alle Unterkieferzähne bei geschlossenem Maul innerhalb der Oberkieferzahnreihe, bei den Echten Krokodilen (Crocodylidae) ist der vierte Unterkieferzahn auch von außen sichtbar und greift in eine Lücke oder ein Loch des Oberkiefers. Beim Gangesgavial und beim Sunda-Gavial stehen die sehr langen und dünnen Zähne reusenartig im Kiefer, und die vorderen Zähne stehen schräg nach außen vor, sind also auch bei geschlossenem Maul sichtbar. Krokodile haben einen regelmäßigen Zahnwechsel, wobei sich die Ersatzzähne in den Zahnhöhlen der „aktiven" Zähne entwickeln. Jeder Zahn wird etwa alle zwei Jahre ersetzt, die vorderen Zähne jedoch häufiger als die hinteren.

Bei den Echten Krokodilen liegt der vierte Unterkieferzahn außerhalb des Oberkiefers.

Bei den Alligatoren liegen alle Unterkieferzähne innerhalb der Oberkieferzahnreihe.

Knochenpanzer

Den Namen Panzerechsen verdanken die Krokodile ihrem harten Schuppenpanzer, der insbesondere auf dem Rücken durch Knochenplatten verstärkt wird. Dabei besteht die oberste Hautschicht der Tiere, die Hornhaut (Stratum corneum), aus einer wechselnden Anzahl von Schichten aus Kollagenfasern. Bei embryonalen Tieren handelt es sich dabei um zwei bis drei dieser Schichten, im Laufe des Alters lagern sich weitere Schichten darunter, so dass bei einem ausgewachsenen Mississippi-Alligator (*Alligator mississippiensis*) bis zu 24 Schichten übereinander liegen können. Häutungen gibt es bei den Krokodilen nicht, die oberste Schicht wird durch einfachen Abrieb erneuert.

Die hornigen Rückenschuppen bestehen aus gekielten Hornplatten, die als Rückenschilde bezeichnet werden. Unterhalb dieser Schilde liegen verknöcherte Platten (Osteodermen). Dabei handelt es sich artabhängig um vier bis 10 nebeneinander liegende Platten, die in mehreren Längsreihen angeordnet sind, jede Längsreihe entspricht einem Wirbel der Wirbelsäule. Auch die Schilde im Nacken der Tiere, die Nuchalplatten, sind mit Osteodermen unterlegt und bilden arttypische Muster. Die Bauchschilde der meisten Arten sind flach und viereckig, und bei fast allen Arten existieren hier keine knöchernen Platten. Am Schwanz bilden die Bauchschilde und die Rückenschilde Ringe, die im vorderen Bereich beidseitig einen Schuppenkamm tragen, der zur Schwanzspitze hin in einen einzelnen Schuppenkamm übergeht. Auch alle anderen Körperteile tragen Hornschilde, bei einigen Arten können sich dabei auch an den Extremitäten, am Hals und sogar an den Augenlidern Knochenverstärkungen bilden. Besonders die sehr stark verknöcherten Arten sind meist eher klein und verhältnismäßig unbeweglich, dazu gehören etwa die Glattstirnkaimane (Gattung *Paleosuchus*), das Stumpfkrokodil (*Ostaeolaemus tetraspis*) und der Mohrenkaiman (*Melanosuchus niger*). Größere Arten wie das Leistenkrokodil (*Crocodylus porosus*) schützen sich vor allem durch ihre Größe und haben entsprechend weniger stark ausgebildete Knochenpanzer.

Achsenskelett und Extremitäten

Krokodil, Vorderfuß

Die Wirbelsäule aller Krokodile besteht aus neun Hals- und 17 Rumpfwirbeln, an die sich der Schwanz mit 35 bis 37 einzelnen Wirbeln anschließt. Die Rumpfwirbel können wiederum in acht Brust-, sieben Lenden- und zwei Sakralwirbel unterteilt werden. Bei allen Wirbeln handelt es sich um sogenannte „procoele Wirbel", also Wirbelkörper, die am Vorderende eine Aushöhlung haben, in die der nächstvordere Wirbel greift. Eine Ausnahme bilden dabei der Atlas, der Epistropheus sowie der zentrale Sakralwirbel und der erste Schwanzwirbel. Krokodile besitzen Rippen entlang der gesamten Rumpfwirbelsäule bis zu den ersten Schwanzwirbeln, außerdem findet man bei ihnen Bauchrippen (Gastralia) ohne Ansatz an der Wirbelsäule. Das Brustbein (Sternum) ist knorpelig ausgebildet.

Der Schultergürtel ist einfach aufgebaut und entspricht im Wesentlichen dem Grundbauplan der Tetrapoden. Die Schlüsselbeine (Claviculae) fehlen, wodurch eine größere Bewegungsfreiheit gegeben ist. Interessant ist das Becken, das ähnlich wie das der Säugetiere aufgebaut ist und aufgrund der Ausrichtung von Scham- und Sitzbein Hinweise auf eine ursprünglich zweibeinige Fortbewegungsweise gibt. Die Vordergliedmaße enden in einer fünffingrigen Hand, von der nur die medialen drei Finger Krallen tragen. Zwischen den vier Zehen der Hintergliedmaße sind Schwimmhäute ausgebildet. Der äußersten, lateralen Zehe fehlt ebenfalls die Kralle.

Atmung und Kreislauf

Verschiedene Organsysteme, insbesondere das Atmungs- und das Kreislaufsystem, sind in besonderer Weise an die amphibische Lebensweise angepasst. Dies beginnt mit der bereits beschriebenen Choane und den weit vorn auf der Schnauze liegenden Nasenlöchern, wodurch die Krokodile zum einen fast vollständig untergetaucht nur die Schnauzenspitze aus dem Wasser zu halten brauchen, zum anderen auch beim Fressen noch atmen können. Die Lungen sind sehr voluminös, in mehrere taschenartige Einzelkammern aufgeteilt und werden durch Muskelbewegung des Brustraums und durch ein dem Zwerchfell ähnliches Septum ventiliert.

Wie die Säugetiere besitzen Krokodile ein vierkammeriges Herz mit zwei Haupt- und zwei Vorkammern, welches sich bei ihnen jedoch konvergent entwickelt hat. Eine Herzscheidewand (Ventrikelseptum) trennt die beiden Kammern fast vollständig, nur im obersten Bereich bleibt ein kleines Fenster geöffnet. Dies wird als Foramen Panizzae bezeichnet und liegt direkt unterhalb der Aortenwurzel, also des Ursprungs der Körperschlagadern. Dabei entspringt die linke Aorta an der rechten Herzkammer und die rechte an der linken. Durch das Fenster vermischt sich das sauerstoffreiche Blut der rechten Kammer mit dem sauerstoffarmen der linken Kammer im Bereich der rechten Aorta, so dass Mischblut in den Körperkreislauf geführt wird und dabei vor allem in die peripheren Bereiche des Körpers gelangt. Zugleich fördert die linke Aorta sauerstoffreiches Blut in den Körper und vor allem in den Kopf des Tieres. Beim Tauchvorgang schließt sich das Foramen Panizzae vollständig, so dass die rechte Aorta nur noch mit sauerstoffarmem Blut versorgt wird, der Kopf jedoch weiterhin sauerstoffreiches Blut bekommt.

Lebensweise

Lebensräume

Alle heute lebenden Krokodile sind in ihrem Körperbau und in ihrer Lebensweise an eine amphibische Lebensweise angepasst, wobei sie den Großteil der Zeit im Wasser verbringen. Bis auf eine Ausnahme, das Leistenkrokodil, leben sie alle überwiegend im Süßwasser, können jedoch auch im Brackwasser oder im küstennahen Salzwasser angetroffen werden. Dabei gibt es sowohl Arten, die offene Gewässer wie Seen und größere Flüsse bevorzugen, als auch Arten, die in Bachläufen und im Unterholz leben. Ihr Verbreitungsgebiet ist auf die tropischen Bereiche eingegrenzt, nur die beiden Alligatorarten leben in ihrem nördlichen Verbreitungsgebiet in Bereichen mit leichten Wintern. Neben diesen Eigenschaften ist das Vorkommen auch abhängig von dem Nahrungsangebot, dem Angebot an Brutplätzen, der Konkurrenzsituation sowie der Bejagung durch die ansässige Bevölkerung.

Jagdverhalten

Alle Krokodile sind Fleischfresser. Dabei jagen die meisten Arten sehr unspezifisch jede Art von Beute, die sie mit ihrer Größe überwältigen können. Nur wenige Arten sind spezialisierter. Dies sind insbesondere die sehr schmalschnäuzigen Arten mit reusenartigen Zähnen (Gangesgavial, Sunda-Gavial, Australienkrokodil), die vor allem Fische erbeuten. Jungtiere und kleinere Arten jagen überwiegend Insekten, Frösche und Kleinsäuger, die ausgewachsenen Vertreter der großen Arten attackieren dagegen alles, was sie erreichen können. Auch Kannibalismus, vor allem an Jungtieren, ist keine Seltenheit. Trotz ihres trägen Aussehens reagieren Krokodile extrem schnell und sind auch an Land sehr geschickt.

Krokodile sind effektive Jäger, die die meiste Zeit der häufig nächtlichen Jagd weitgehend untergetaucht im Wasser liegen. Sie sind in der Lage, sich geräuschlos dem Ufer zu nähern und aus dem Wasser zu schnellen. Dabei nutzen sie ihren extrem kräftigen Schwanz zum Vortrieb. Beim Festhalten der Beute bohren sich die konischen Zähne in das Opfer, beim Zubeißen entwickelt sich durch die extrem kräftige Kiefermuskulatur eine enorme Beißkraft, die ein Entkommen meistens unmöglich macht. Haben sie ein Opfer erbeutet, ziehen sie es unter Wasser, um es zu ertränken. Ein erwachsenes Nilkrokodil nimmt nach Hochrechnungen aus umfangreichen Magenanalysen wahrscheinlich nur 50 volle Mahlzeiten im Jahr zu sich, erbeutet also pro Woche nur etwa ein Beutetier. Mississippialligatoren jagen dagegen häufiger, erbeuten jedoch meist nur kleinere Beutetiere.

Um Fleischstücke abzureißen, packen sie das Opfer mit den Zähnen und drehen sich selbst mehrfach um die eigene Achse. Dabei zerreißen sie ihre Beute an den Stellen, an denen sie mit ihren Zähnen eine Perforation hinterlassen haben. Um das Zerstückeln der Beute zu erleichtern, verstecken sie den Kadaver oft ein paar Tage, damit er weicher wird. Krokodile sind nicht in der Lage, Nahrung zu kauen, deshalb verschlucken sie abgerissene Fleischstücke vollständig. Sie besitzen häufig Gastrolithen, deren Funktion allerdings noch nicht restlos geklärt ist. Nach den beiden bekanntesten Theorien dienen diese Steine im Magen entweder zur Zerkleinerung der Nahrung oder als Ballast zur Verringerung des Auftriebes im Wasser.

Fortpflanzung und Sozialverhalten

Krokodile legen je nach Art und Nestgröße zwischen 20 und 80 Eier in Nester. Es lassen sich zwei Nesttypen unterscheiden:

- Hügelnester werden aus Pflanzenmaterial aufgeschichtet, in denen die notwendige Brutwärme durch Gärung entsteht.
- Grubennester sind selbst gegrabene Vertiefungen, in denen die Eier mit Bodenmaterial oder einer Mischung von Boden und Pflanzen bedeckt werden.

Junge Glattstirnkaimane

Die Entwicklung der Krokodile hängt von der Temperatur im Nest ab (Temperaturabhängige Geschlechtsbestimmung). Sie besitzen keine Geschlechtschromosomen, so dass sich aus den Eiern potenziell beide Geschlechter entwickeln können. Werden die Eier unter etwa 30 °C ausgebrütet, schlüpfen aus ihnen Weibchen, bei einer Temperatur um etwa 34 °C ausschließlich Männchen. Werden die Eier in verschiedenen Tiefen vergraben, ist die Wahrscheinlichkeit hoch, dass beide Geschlechter entstehen.

Krokodile haben als erwachsene Tiere keine natürlichen Feinde, ihren Jungen wird allerdings von Vögeln, Waranen oder sogar Angehörigen der eigenen Art nachgestellt. So nimmt man an, dass etwa 90 Prozent der Krokodile als Embryo oder als Jungtier von Nesträubern oder Raubtieren erbeutet werden. Zu den Nesträubern zählen Warane, Säugetiere wie der Waschbär und Schweine sowie Vögel wie der afrikanische Marabu. Außerdem können Embryonen durch klimatische Verhältnisse wie Kälte oder durch Verpilzung der Eier absterben. Jungtiere können von Greifvögeln und Reihern erbeutet werden.

Eier und Junge werden bei vielen Arten zum Schutz vor Räubern vom Muttertier bewacht. Dieses kann seinen Jungen beim Schlupf auch helfen, sobald diese sich akustisch bemerkbar machen. Danach trägt die Mutter ihre Jungen häufig sogar ins Wasser und wehrt potenzielle Fressfeinde ab.

Stammesgeschichte der Krokodile

Die modernen Krokodile entstammen einer Entwicklungslinie, die sich bereits vor 250 Millionen Jahren von der Entwicklungslinie der Flugsaurier und Dinosaurier getrennt hat. Beide Linien entstammen einem Pool von frühen Archosauriern, die aufgrund ihrer Zahnmerkmale als „Thecodontia" zusammengefasst werden, jedoch keine natürliche Gruppe darstellen. Der wichtigste anatomische Unterschied der beiden Linien findet sich im Aufbau des Fußgelenks. Während die Krokodile und ihre Verwandten als Crurotarsi ein metatarsales Gelenk zwischen den beiden oberen Fußwurzelknochen – Fersenbein (Calcaneus) und Sprungbein (Astragalus) – aufweisen, verläuft die Beugungslinie bei den als Ornithodira zusammengefassten Gruppen, wie auch bereits bei den gemeinsamen Vorfahren beider Taxa und allen heute lebenden Reptilien, unterhalb dieser beiden Knochen, oberhalb der unteren Fußwurzelknochenreihe (mesotarsales Gelenk). Das Gelenk ermöglicht den Krokodilen eine Verdrehung des Fußes und somit die Möglichkeit, die Beine wie ein Säugetier unter den Körper zu stellen.

Crocodylotarsi (u. a. Krokodile)

Ornithodira (u. a. Flugsaurier, Dinosaurier, Vögel)

Außengruppe (Schildkröten, Plesiosaurier, Ichthyosaurier u. a.)

Frühe Vorfahren und erste Krokodile

Phytosauria: *Leptosuchus gregoriiaus*

Aetosauria: *Desmatosuchus haplocerus*

Rauisuchia: *Postosuchus kirkpatricki*

In der Entwicklungslinie zu den Krokodilen zweigte eine Reihe von Archosauriergruppen ab, die heute ausgestorben sind. Zu diesen „primitiven" Archosauriern aus der späten Trias zählen unter anderen die Phytosauria, die Aetosauria, die Rauisuchia sowie die Sphenosuchia, die vor 197 Mio. Jahren im Unterjura ausstarben. Die Unterscheidung, ab wann man von echten Krokodilen sprechen kann, ist bis heute unter Paläontologen umstritten. Die Wurzel wird dabei in den als Pseudosuchia bezeichneten Formen eingeordnet. Diese waren langbeinige Tiere von etwa einem Meter Länge und sehr wahrscheinlich landlebende Räuber.

Die ersten Vertreter der Krokodile tauchten demnach in der oberen Trias, also vor etwa 230 Millionen Jahren auf und waren fakultativ biped, das heißt, sie liefen wenigstens zeitweilig auf zwei Beinen. Einer der ältesten bekannten vierbeinigen Vertreter war *Protosuchus*, der sich durch lange Beine auszeichnete und wahrscheinlich ein ziemlich schneller Jäger war. Nach ihm wurde die gesamte Gruppe der frühesten Krokodile benannt, die Protosuchia. Ähnlich sah auch *Orthosuchus* aus. Diese Tiere waren noch auf eine Lebensweise auf dem Land eingestellt, während fast alle folgenden Gruppen zu einem amphibischen Leben im Wasser übergingen. Der Rücken war von einem zweireihigen Knochenpanzer geschützt, auch der Bauch war verknöchert. Die Protosuchia waren bis ins frühe Jura auf dem damaligen Superkontinent Pangaea, in dem alle Festlandsmassen vereint waren, weit verbreitet, heutige Funde stammen entsprechend aus Ostasien, Europa, Nord- und Südamerika sowie aus Südafrika

Die Mesosuchia

Kurz nach dem Beginn des Jura und dem damit verbundenen Zerbrechen des Urkontinents Pangäa entwickelte sich aus den Protosuchia eine neue Entwicklungsstufe der Krokodile, die als Mesosuchia bekannt sind. Diese stellen allerdings keine geschlossene Gruppe (Taxon) dar, sondern eine Zusammenfassung mehrerer Entwicklungslinien zu den modernen Krokodilen. Die ältesten Funde dieser Tiere sind etwa 190 Millionen Jahre alt und wurden vor allem in Europa gefunden. Diese ältesten Formen waren offensichtlich Meeresbewohner, da man sie in marinen Ablagerungen fand. Es handelte sich dabei um Angehörige der Familie der Teleosauridae. Diese Tiere zeichnen sich besonders durch die spezialisierten, lang gezogenen Kiefer mit den langen und spitzen Zähnen aus, die zum Fischfang als Fischrechen eingesetzt werden konnten. Die Vorderbeine waren verkürzt, konnten jedoch auch an Land eingesetzt werden. Wie die Protosuchia hatten sie außerdem einen Plattenpanzer. Unter ihnen entwickelten sich Formen mit bis zu 10 Metern Länge wie *Machimosaurus*.

Noch stärker an die Lebensweise im Meer angepasst waren die Metriorhynchidae. Bei ihnen entwickelten sich die Gliedmaßen zu Flossen um, und der Schwanz wurde zu einer starken Schwanzflosse, die den Tieren einen noch besseren Vortrieb verlieh. Aufgrund der besonderen Anpassungen werden diese Arten gemeinsam mit anderen marinen Krokodiltaxa als Meereskrokodile bezeichnet. Sie starben in der Frühen Kreide aus bisher noch nicht bekannten Gründen aus.

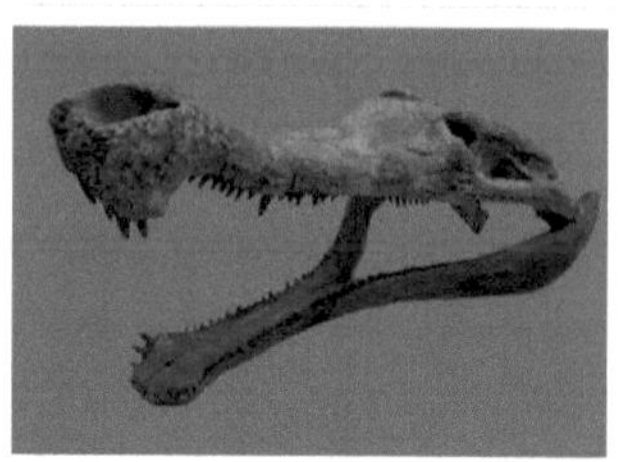
Schädel von
Sarcosuchus imperator

Weniger spezialisiert waren die in Flüssen und Seen lebenden Goniopholididae im späten Jura. Sie lebten nach bisherigen Fossilfunden in Nordamerika, Europa und Thailand ausschließlich auf dem damaligen Nordkontinent Laurasia. Es handelte sich dabei um große Krokodile mit stumpfer Schnauze während die gleichzeitig lebenden Pholidosauridae sehr schmale Schnauzen hatten. Letztere fand man auch in Afrika, darunter *Sarcosuchus imperator* mit einem Schädel von zwei Metern Länge und einer Gesamtlänge von etwa 11 Metern. In der späten Kreide entwickelten sich besonders langschnäuzige Arten wie *Teleorhinus*, die wiederum ins Meer gingen. Die Atoposauridae des oberen Jura und der unteren Kreide stellten eher kleine Verwandte dar, deren Leben wahrscheinlich eher landbezogen war, auch diese ausschließlich in Laurasia. Aus einer der Arten dieser halb im Wasser, halb an Land lebenden Tiere gingen später die modernen Krokodile, die Eusuchia, hervor.

Auf den Südkontinenten lebten in der frühen Kreide die Vertreter der Uruguaysuchidae wie etwa die kleinen Arten der Gattung *Araripesuchus*. Sie waren in Südamerika und Afrika weit verbreitet und stellten wahrscheinlich in Südamerika die Urformen der großen landlebenden Notosuchidae und in Afrika die der Libycosuchidae der späten Kreide dar. Zur gleichen Zeit wie die Uruguaysuchidae lebten die größeren Trematochampsidae, die mehr amphibisch waren und die Flüsse besiedelten. Aus ihnen entwickelten sich wahrscheinlich später die landlebenden „dinosaurierbezahnten“ (ziphodonten) Krokodile der Südkontinente.

Zu Beginn des Tertiär lebten sie auf dem Südamerikanischen Kontinent als riesige Räuber mit einem speziell zum Zerschneiden von Fleisch konstruiertem Gebiss, ähnlich dem Fleisch fressender Dinosaurier. Wichtige Gruppen stellten dabei die als Sebecidae und Baurusuchidae bezeichneten Gruppen dar. Die Sebicidae lebten auch in Afrika und Europa, starben hier jedoch im Eozän, der frühesten Epoche des Tertiärs, wieder aus. In Südamerika waren sie dagegen die herrschenden Raubtiere bis an das Ende des Tertiärs. Der Grund war die Isolation des Südamerikanischen Kontinents vom Rest der Welt zu dieser Zeit, so dass Fleisch fressende Säugetiere keine Konkurrenz für sie darstellten.

Dyrosaurus phosphaticus

Gleichzeitig lebten an den Küsten der Tethys Afrikas und Südamerikas Mesosuchia-Formen, die sich wieder dem Leben und Jagen im Meer angepasst hatten. Diese *Dyrosaurus*-Arten (häufig als eigene Familie Dyrosauridae dargestellt, wahrscheinlich jedoch Vertreter der oben genannten Pholidosauridae) waren wieder langschnäuzig und so auf den Fischfang spezialisiert. Wie viele ihrer Verwandten überlebten sie das Massenaussterben an der Kreide-Tertiärgrenze, starben jedoch zum Ende des Eozän wahrscheinlich aufgrund der Konkurrenz mit meereslebenden Gavialen und frühen Walen aus.

Die „modernen" Krokodile

Noch während der frühen Kreidezeit traten die ersten modernen Krokodile auf, die als Eusuchia bezeichnet werden. Ihr Ursprung liegt in einer Gruppe der Atoposuchidae und die erste bekannte Art stellte *Theriosuchus pusillus* aus dem heutigen Großbritannien dar. Das Erkennungsmerkmal sind die Wirbel, die hier erstmals als procoele Wirbelkörper mit einer vorderen Einbuchtung auftraten, während alle davor existierenden Arten amphicoele bzw. bikonkave Wirbelkörper hatten, also Wirbel mit einer vorderen und einer hinteren Vertiefung. Obwohl der Fossilbefund der nachfolgenden Zeit relativ spärlich ist, lässt sich vermuten, dass sich die Eusuchia recht schnell ausbreiteten. So gab es ebenfalls aus der frühen Kreide einen Fund im heutigen Ägypten von einer Art, die als *Stomatosuchus* bezeichnet wurde und die eine fast entenschnabelartige Schnauze hatte.

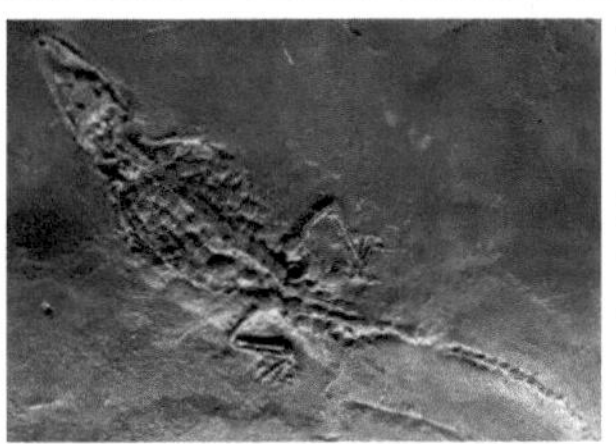

Der Abguss eines Fossils eines Doppelhundszahn-Krokodils (*Diplocynodon darwini*, Jungtier)

In der späten Kreide stellen die Eusuchia bereits die dominierende Gruppe der Krokodile dar. Bereits vor 80 Millionen Jahren existierten Vertreter der beiden heute noch lebenden Familien der Echten Krokodile (Crocodylidae) und der Alligatoren (Alligatoridae), vor allem im heutigen Nordamerika. Die direkte Ahnenlinie dieser beiden Taxa liegt noch im Dunklen, als einzige fossile Art, die Merkmale beider Gruppen aufweist, gilt *Mekosuchus inexpectatus*. Es handelte sich dabei um eine landlebende Art, die in Neukaledonien bis in die historische Zeit vor etwa 3.500 bis 3.900 Jahren gelebt hat. Fast während des gesamten Tertiär waren sowohl Krokodile als auch Alligatoren über alle nördlichen Kontinente weit verbreitet, auch in Europa gab es mindestens drei Krokodil- und zwei bis drei Alligatorarten. Bekannte Formen sind etwa *Diplocynodon* oder das Landkrokodil *Quinkana fortirostrum*, das zu einer Gruppe von Krokodilen mit hufähnlichen Zehen gehörte, den Pristichampsinae.

Weitgehend ungeklärt ist der Ursprung der Gaviale (Gavialidae). Diese stellen nach Ansicht einiger Forscher vielleicht sogar Abkömmlinge der Mesosuchier dar, die bis in die heutige Zeit mit dem Gangesgavial überlebt haben. Weiter verbreitet ist allerdings die Ansicht, dass es sich bei ihnen um eine Schwestergruppe der beiden anderen modernen Krokodiltaxa handelt, die von langschnäuzigen Formen der Küstengewässer Nordafrikas abstammen. Von dort breiteten sich die frühen Gaviale nach Europa, Asien und Amerika aus und erfuhren in Südamerika eine Radiation, bevor sie, bis auf die einzige heute noch lebende Art in Indien, weltweit aus bislang ungeklärten Gründen ausstarben. Wahrscheinlich aufgrund der Klimaverschlechterung und Abkühlung zum Ende des Tertiärs verschwanden auch viele weitere Artengruppen aus den nördlichen Verbreitungsgebieten in Nordamerika, Asien und Europa.

Vertreter der heutigen Gattungen und Arten traten seit dem frühen Tertiär (Eozän oder Oligozän) erstmalig auf. So fand man Fossilien des Nilkrokodils (*Crocodylus niloticus*) und des Panzerkrokodils (*Crocodylus cataphractus*) zum Ende des Tertiärs und im Pleistozän, mit *Crocodylus lloidi* wurde allerdings ein früherer Vertreter und möglicher Vorfahr der afrikanischen und asiatischen *Crocodylus*-Arten gefunden. Aus Asien ist außerdem *Crocodylus sivalensis* bekannt. Von der Entstehung der weiteren Arten der Gattung in der ozeanischen Inselwelt und Südamerika sowie vom ersten Auftreten des Stumpfkrokodils (*Osteolaemus tetraspis*) und des Sunda-Gavial (*Tomistoma schlegelii*) wissen wir nur wenig. Auch die Evolution der heutigen Alligatoren und Kaimane ist nur sehr lückenhaft dokumentiert. Als Ahne des Mississippi-Alligators (*Alligator mississippiensis*) gilt der *Alligator olseni* aus dem Miozän, erste China-Alligatoren (*Alligator sinensis*) stammen aus dem Pleistozän. Vorfahr der Kaimane (wahrscheinlich mit Ausnahme der Glattstirnkaimane (Gattung *Paleosuchus*)) dürfte *Eocaiman cavernensis* sein, im Miozän lebte *Caiman neivensis*.

Systematik der Krokodile

Sunda-Gavial

Die heute lebenden Krokodile werden gewöhnlich in drei Gruppen mit Familienstatus aufgeteilt (alternativ werden sie häufig auch als eine Familie Crocodylidae mit den drei Gruppen als Unterfamilien geführt). Dabei besteht die Familie der Gaviale aus nur einer rezenten Art, dem Ganges-Gavial, nach neuesten Erkenntnissen könnte jedoch auch der Sunda-Gavial zu den echten Gavialen gezählt werden. Beide fallen durch ihre extrem lange und dünne Schnauze auf. Die Crocodylidae oder Echten Krokodile sind direkt erkennbar aufgrund der Kiefergruben im Oberkiefer, in der der größte Zahn des Unterkiefers gelagert und sichtbar ist. Bei den Alligatoridae ist die Schnauze wesentlich breiter als bei den Crocodylidae.

- **Gaviale (Gavialidae)**
  - Gattung: *Gavialis*
    - Gangesgavial (*Gavialis gangeticus*)
- **Echte Krokodile (Crocodylidae)**
  - Gattung: *Crocodylus*
    - Salzwasserkrokodil oder Leistenkrokodil (*Crocodylus porosus*)
    - Nilkrokodil (*Crocodylus niloticus*)
    - Kuba- oder Rautenkrokodil (*Crocodylus rhombifer*)
    - Spitzkrokodil (*Crocodylus acutus*)
    - Orinoko-Krokodil (*Crocodylus intermedius*)
    - Sumpfkrokodil (*Crocodylus palustris*)
    - Siam-Krokodil (*Crocodylus siamensis*)
    - Philippinen-Krokodil (*Crocodylus mindorensis*)
    - Beulenkrokodil (*Crocodylus moreletii*)
    - Neuguinea-Krokodil (*Crocodylus novaeguineae*)
    - Australien-Krokodil (*Crocodylus johnsoni*)
    - Panzerkrokodil (*Crocodylus cataphractus*)
  - Gattung: *Ostaeolaemus*
    - Stumpfkrokodil (*Ostaeolaemus tetraspis*)
  - Gattung: *Tomistoma*
    - Sunda-Gavial oder Falscher Gavial (*Tomistoma schlegelii*)
- **Alligatoren (Alligatoridae)**
  - Gattung: *Alligator*
    - Mississippi-Alligator (*Alligator mississippiensis*)
    - China-Alligator (*Alligator sinensis*)
  - Gattung: *Caiman*
    - Krokodilkaiman (*Caiman crocodylus*)
    - Breitschnauzenkaiman (*Caiman latirostris*)
    - Brillenkaiman (*Caiman yacare*) (Status umstritten)
  - Gattung: *Melanosuchus*
    - Mohrenkaiman (*Melanosuchus niger*)
  - Gattung: *Paleosuchus*

- Keilkopf-Glattstirnkaiman (*Paleosuchus trigonatus*)
- Brauen-Glattstirnkaiman (*Paleosuchus palpebrosus*)

Die genauen Verwandtschaftsverhältnisse der Krokodile untereinander und zu anderen Gruppen innerhalb der Krokodile sind bislang weitgehend ungeklärt, eine weitgehend akzeptierte Hypothese ist hier wiedergegeben.

Echte Krokodile (Crocodylidae)

Crocodylinae

Stumpfkrokodil (*Osteolaemus tetraspis*)

Crocodylus

Sunda-Gavial (*Tomistoma schlegeli*)

Krokodile (Crocodilia)

Brevirostres

Echte Alligatoren (Alligatorinae)

Alligatoren (Alligatoridae)

Kaimane (Caimaninae)

N.N.

Echte Kaimane (*Caiman*)

Mohrenkaiman (*Melanosuchus niger*)

Glattstirnkaimane (*Palaeosuchus*)

Gaviale (Gavialidae)

Krokodile in der menschlichen Geschichte

Krokodile spielen in der Kulturgeschichte einer Vielzahl von Völkern eine große Rolle, die vor allem von Angst, Ehrfurcht und Bewunderung geprägt ist. In allen Erdteilen, in denen Krokodile leben, haben sie Einzug in die Mythologie der dort lebenden Völker gefunden. Die Faszination für diese Tiere reicht bis in die Neuzeit, wo Krokodile als Motive in der Literatur und in Filmen bis heute regelmäßig eingesetzt werden.

Krokodile im alten Ägypten

Die Ägypter kannten ausschließlich das bei ihnen heimische Nilkrokodil. Im alten Ägypten wurden diese Krokodile als heilige Tiere verehrt und in der Gestalt des krokodilköpfigen Gottes Sobek (auch Souchos) vergöttert. Dabei ist unbekannt, ob die Tiere aus Furcht geheiligt wurden oder ob dies erst nach der Entstehung der Gottheit Sobek geschah um den Gott zu besänftigen.

Sobek in Kom Ombo

Sobek galt den Ägyptern als ein Gott des ewigen Fortbestandes. Als Sohn der Göttin Neith konnte sich Sobek um etwa 2400 vor unserer Zeitrechnung als einer der wichtigsten Götter im ägyptischen Pantheon bewähren. In den Darstellungen taucht Sobek als Gott mit menschlichem Körper und dem Kopf eines Krokodils auf. In der linken Hand hält er einen Stab und in der rechten Hand den Anch, das Lebenssymbol der Ägypter. In Darstellungen des Neuen Reiches (um 1.400 v. u. Z.) trägt er außerdem einen Kopfschmuck mit eingearbeiteter Sonnenscheibe, da er zu dieser Zeit als eine Offenbarung des Sonnengottes Ra galt und als Sobek-Ra bekannt war. Die Bedeutung der Gottheit zeigt sich u. a. in der Verwendung des Namens in den Kartuschen verschiedener Herrscher dieser Zeit, etwa Nofrusobek und Sobekhotep I.. Der Zusammenhang mit den Krokodilen wird auch durch die Hieroglyphenschreibweise deutlich. So schreibt man den Namen Sobek (sbk) als Meint man dagegen die Gottheit Sobek, so wird dies durch ein Krokodil und eine sitzende Gestalt symbolisiert:

Zahlreiche Tempel mit Teichanlagen für die heiligen Tiere waren Sobek geweiht, die wichtigsten darunter fanden sich bei Kom Ombo in Oberägypten, bei Tebtunis sowie in Krokodilopolis in Fajum. Krokodile, die in diesen heiligen Tempeln verstarben, wurden wie Menschen einbalsamiert und als Mumien begraben. So fand man bei Kom-Ombo sowie in den Höhlen von Maabdah tausende dieser Krokodilmumien, vor allem Jungtiere. Die größten Exemplare wiesen eine Länge von über fünf Metern auf.

Weitere afrikanische Länder

Ähnlich wie in Ägypten wurden auch in anderen Teilen Afrikas Krokodile verehrt, vor allem entlang des Nil und seiner Quellflüsse, des Volta sowie in der Umgebung der großen Seen. So wurden im Bereich der Bwaba in Burkina Faso Krokodile in Teichen gehalten und mit Speiseopfern bedacht. Dem Glauben nach handelte es sich um Ahnengeister, die die Dörfer vor Unheil beschützten. Die Akan und Twi in Ghana glaubten daran, dass Krokodile wie auch Tse-Tse-Fliegen oder Schlangen von Hexen für bösartige Botengänge genutzt werden konnten.

Die Insel Damba im Viktoriasee war den Krokodilen geweiht, denen gelegentlich Leichenteile der Feinde der hier ansässigen Bagandas als Opfer zum Fraß vorgeworfen wurden. In dem Tempel, der auf der Insel stand, nahm nach Berichten von Missionaren ein Medium Kontakt mit den Krokodilgeistern auf und sprach zum Volk, indem es den Mund wie ein Krokodil öffnete und schloss. Die Nuer am Nil respektierten die Krokodile als Totem, jagten sie jedoch zugleich als Nahrungsquelle. Wenn sie ein Krokodil verletzt oder getötet hatten, brachten sie den Geistern Opfer dar.

Auf Madagaskar herrschte der Glaube, dass Krokodile nur dann Menschen töten, wenn diese zuvor ein Krokodil getötet hatten. Genauso galt die Regel, dass ein Mensch ein Krokodil töten durfte, wenn dies zuvor einen Unschuldigen getötet hatte. Wenn jemand im Verdacht stand, ein Krokodil getötet zu haben, wurde er an einen Fluss mit Krokodilen gebracht und musste diesen unversehrt durchqueren, um seine Unschuld zu beweisen.

Der Chinesische Drache

Die Alligatoren und Krokodile, die in den Flüssen und an den Küsten Chinas leben, waren wahrscheinlich auch das Vorbild für den doppelschwänzigen Drachen Long der chinesischen Mythologie. Er galt als der „Herr aller beschuppten Reptilien", und seine Geschichte entstand etwa 2200 v. Chr. in den Regionen am Jangtsekiang, dem „Langen Fluss". Während der nachfolgenden Generationen wurde dieser Drache immer weiter ausgeschmückt und mit Merkmalen und Eigenschaften weiterer Tierarten ausgestattet.

Während der Tang-Dynastie (etwa 618 bis 906) tauchten Krokodile und Alligatoren erstmals getrennt in Beschreibungen verschiedener Bücher auf. So sollten die „südlichen Barbaren" aufgrund des Rufes der Alligatoren Regen vorhersagen und sein Fleisch auf Hochzeiten verteilen. Aufgrund der gepanzerten Haut galt der Alligator außerdem als Vorbote des Krieges.

Südostasien

In Südostasien geht die mythologische Bedeutung meist einher mit dem Glauben an verstorbene Herrscher oder Ahnen, die als Krokodile wieder auf die Welt gekommen sind. Dabei handelt es sich meist um das gefürchtete Leistenkrokodil, das in den Glauben einging.

Bei einigen traditionellen Völkern der Philippinen, so etwa bei den Panay, galt das Krokodil als göttlich und durfte nicht getötet werden. Ein britischer Major namens G. B. Bowers berichtete Anfang des 20. Jahrhunderts von einem Krokodil an der Küste von Luzon, das von den Anwohnern als Reinkarnation eines alten Berghäuptling angesehen wurde. Aus West-Timor (Indonesien) wurde 1884 von Opferungen junger Mädchen an Krokodile durch die Prinzen von Kupang berichtet: Die Krokodile galten als die Vorfahren der Häuptlingslinie, die Mädchen sandte man ihnen als Ehefrauen.

Die Kayan auf Borneo sahen in den Krokodilen Schutzengel, die als Blutsbrüder böse Geister vertreiben konnten. Die Tötung von Krokodilen war auf ganz Borneo verboten, auch bei den ansonsten sehr kriegerischen Dayak. Diese erzählten ein Märchen, nach dem ein Dayak-Krieger namens Bantangnorang verkleidet mit einem Tigerfell und den Federn des Nashornvogels auf der Suche nach Gold die Höhle eines Krokodils betrat. Das Krokodil bot ihm als Test Menschenfleisch an, und Bantangnorang aß dieses auch, tötete jedoch später das Krokodil und nahm ihm seine Schätze.

In Osttimor wird das Leistenkrokodil als „Großvater Krokodil" verehrt. Ursprung dafür ist die Legende „das gute Krokodil", nach der die Insel Timor aus einem Krokodil entstanden ist.

Australien

Krokodile spielen eine große Rolle in der Mythologie der Aborigines Nordaustraliens. Dabei gibt es sehr unterschiedliche Bedeutungen der Tiere. So gilt ein Krokodilvorfahr den Gunwinggu im Arnhem Land als Erschaffer des heutigen Liverpool River, indem er bei der Durchquerung des Landes den Boden durchkaute. Die Rillen füllten sich mit Wasser und bildeten den Fluss. Bei den Murinbata existiert eine Geschichte um den Betrug von Essen und die Tötung eines Totemwesens. Dabei stellt das Krokodil als Totemwesen Yagpa die Figur dar, die den Mörder und Betrüger holen würde. In weniger konkreten Geschichten kommt es vor, dass Menschen auf der Jagd oder auf Reisen von Krokodilen verschlungen werden.

Aus Australien stammen auch die ältesten bekannten Darstellungen von Krokodilen. So fand man in Panaramittee in Südaustralien Ritzzeichnungen mit Krokodilen, die auf ein Alter von 30.000 Jahren geschätzt werden. Diese Funde werfen zudem die Frage auf, ob die Krokodile zu der Zeit auch im Süden lebten oder nur durch Erzählungen bekannt wurden. Bei den Manggalilis in Nordaustralien, sowie im Bereich von Oenpelli, sind kunstvolle Rindenmalereien mit Krokodilmotiven bis heute verbreitet. Auch bei den europäischen Einwanderern wurden Krokodile zu einem Motiv in der Kunst, etwa bei einem Gemälde von Thomas Baines aus dem Jahr 1856. Zu den modernsten Darstellungen der australischen Krokodile in der Kultur gehört die Kinofilmreihe „Crocodile Dundee" mit Paul Hogan in der Hauptrolle, der als Krokodiljäger und Waldläufer Australiens dargestellt und den Stadtbewohnern New Yorks gegenüber gestellt wird.

Melanesische Inselwelt

Vor allem aus der Region am Sepik und dessen Zuflüssen in Neu-Guinea sind zahlreiche Skulpturen und Holzschnitzereien bekannt, die Krokodile darstellen. So finden sich am Karawari schlanke und beinlose Krokodilschnitzereien, die mit Tätowierungen bestückt sind. Die Schwänze dieser Körper gehen dabei in Schlangenköpfe über. Auch krokodilförmige Mundstücke für Blasinstrumente sind recht häufig, und als Beigabe bei Begräbnissen dienen in dieser Region Figuren, die teilweise Menschen und teilweise Krokodile darstellen.

Bei den Iatmul am mittleren Sepik gilt das Leistenkrokodil als Schöpfergottheit. Dies erschuf die Welt aus dem Wasser, indem es Land aufsteigen ließ. Des Weiteren erschuf es einen Spalt in der Erde, mit dem es sich paarte und so die Lebewesen schuf. Aus dem Oberkiefer des Krokodils wurde der Himmel, während der Unterkiefer die Berge der Erde formte. Beim gleichen Volk existieren auch Geschichten von uralten Krokodilen, die das Land besiedelten und Siedlungen gründeten. Bei den Initiationsriten der Männer der Iatmul spielt der Mythos eine Rolle, nach dem der Knabe von einem Krokodil verschluckt und als Mann wieder ausgewürgt wird. Um dies zu demonstrieren werden den Initiierten beim Mannbarkeitsritual Wunden in den Körper und vor allem in die Schultern geschnitten, deren Narben später die Beißnarben des Krokodils darstellen sollen.

Eine sehr bekannte Gestalt in Neu-Guinea ist Yali aus Sor, der Gründer des Mandang-Kultes. Sein Kamerad tötete in einem Kampf dessen Totemtier, das Krokodil, worauf sich Yali im Urwald verlief und nicht mehr gesehen wurde. Nach Ansicht der Elema am Golf von Papua konnten sich Zauberer in Gestalt des Krokodils ins Wasser begeben und so ihre Feinde überraschend angreifen, an Land sollten sie die Gestalt von Kasuaren annehmen und so ins Landesinnere eindringen.

Krokodile in Nord- und Südamerika

Über die Rolle der Krokodile und Alligatoren in der Mythologie und dem Volksglauben Amerikas ist nur sehr wenig überliefert. Bei den Maya des 10. Jahrhunderts und den Azteken des 14. Jahrhundert existierte etwa der Glaube, dass die Welt auf dem Rücken eines großen krokodilähnlichen Reptils in einem Seerosenteich ruht. Auch der Gott Ah ouh puc war krokodilähnlich und wurde mit dem Rücken eines Krokodils dargestellt.

Die einzigen Hinweise auf einen Umgang der nordamerikanischen Indianer mit den Alligatoren zeigt eine Radierung von Theodore de Bryce Le Moin aus dem Jahre 1565, auf dem Indianer aus dem heutigen Florida Alligatoren mit langen Spießen jagen. Der Anthropologe William Holmes konnte im 19. Jahrhundert den Bezug der Chiriqui-Indianer Panamas zu den Krokodilen ihrer Heimat aufzeigen. Hierfür suchte er die Wurzeln von stilisierten Zeichnungen auf den Tongefäßen des Volkes und fand heraus, dass sie von gut erkennbaren Abbildern von Krokodilen stammen.

Krokodile in der westlichen Kultur und der Neuzeit

Im Jahre 58 v. Chr. wurden in Rom erstmals fünf Krokodile gezeigt. Augustus ließ 36 Krokodile im Circus Flaminius töten. Elagabal hielt sich ein Krokodil als Haustier. Die Griechen kannten und beschrieben Krokodile im Nil, deren Länge mit bis zu 8 bzw. 11 m angegeben wurde. Krokodile wurden mit Angeln, Netzen und Harpunen gejagt.

Krokodilskulptur am Berliner Neptunbrunnen

In der westlichen Kunst und Literatur waren Krokodile sehr lange fast unbekannt, so fehlten sie auch in den Dschungelbeschreibungen von Henri Rousseau. Man findet Erwähnungen von Krokodilen etwa im Werk *„Antonius und Kleopatra“* von William Shakespeare, und der gleichzeitig lebende Edmund Spenser prägte in seinem Gedicht *„Die Elfenkönigin“* den Begriff der Krokodilstränen.

> „Doth meet a cruell craftie Crocodile, Which in false griefe hyding his harmefull guile, Doth weepe full sore, and sheddeth tender teares“

> „ein brutales, listig Krokodil birgt in falscher Trauer seine schädliche Tücke, weint voller Not und sondert zärtliche Zähren.“

Aufgegriffen wurde der Begriff später von Robert Burton und Francis Bacon, die es auf die Tücke und Kriegslist des Menschen übertrugen, der vor dem Rückschlag im Krieg weint. Das Krokodil selbst wurde zu dieser Zeit zu einem Symbol für Brutalität, Tücke und Gerissenheit. Auch der Roman *„Peter Pan“*, in dem James M. Barrie das Krokodil mit dem verschluckten Wecker nutzte, um den noch böseren Captain Hook zu töten, änderte daran nichts. In den Darstellungen der Tiere sieht man sie beinahe immer mit Menschen kämpfen. Um 1830 stellte der französische Bildhauer Antoine-Louis Barye Krokodile dar, die mit anderen Tieren kämpften. Im Kaspertheater ist das Krokodil eine feste Figur, die für Gier, unverstellten Trieb und Gefahr steht.

Logo der Modemarke Lacoste mit stilisiertem Krokodil

Der Symbolcharakter steigerte sich durch die neuen Medien Film und Fernsehen im 20. Jahrhundert, in denen Krokodile (neben u. a. Haien) zu brutalen und berechnenden Monstern wurden, wie etwa in der Verfilmung des 1977 erschienenen Buches „Alligator“ von Shelley Katz oder dem Film Der Horror-Alligator. Krokodile werden auch in den australischen Horrorfilmen Rogue und Black Water thematisiert.

Das heutige Bild ist geprägt von diesen Darstellungen sowie kursierenden Geschichten, nach denen Krokodile in den Abwassersystemen größerer Städte leben (siehe Krokodil im Kanal). Daneben existiert auch eine weitere, häufig verniedlichende Sichtweise auf die Tiere, die in der Verwendung derselben als Markenzeichen (etwa bei der Bekleidungsfirma Lacoste) und Konsumprodukten (etwa Schnappi, das kleine Krokodil) sowie als Maskottchen einer Fußballmannschaft deutlich wird.

Wirtschaftliche Nutzung

Die Nutzung der Krokodile lässt sich bis in die Anfänge der Zeiten verfolgen, in denen Menschen und Krokodile in den gleichen Gegenden lebten. Krokodile wurden vor allem aufgrund des Fleisches gejagt. In Südostasien und China nutzte man außerdem die Innereien, die Rückenschilder und andere Teile für medizinische Zwecke (siehe Traditionelle Chinesische Medizin). Auch die pulverisierten Zähne und Klauen wurden Teil von Tränken, die vor allem in Indonesien als Zaubertränke genutzt wurden. Schädel und Zahnketten wurden als Zierelemente oder als religiöse Symbole genutzt.

Nahe der australischen Stadt Darwin sind Leistenkrokodile als *Jumping crocodiles* eine Touristenattraktion

Erst in den letzten Jahrhunderten wurden die Krokodile ihrer Häute und ihres Fleisches wegen intensiv bejagt. Die ersten Erwähnungen zur Nutzung von Krokodilhäuten stammen aus dem Ende des 18. Jahrhunderts. Nach den Überlieferungen von John James Audubon konnte man die Häute des Mississippi-Alligators zur Herstellung von Stiefeln, Satteltaschen und Schuhen nutzen. Die Jagd war allerdings noch keine wirtschaftliche Nutzung, die Tiere wurden zu der Zeit als Schädlinge betrachtet und immer getötet, wenn man ihnen begegnete. Das änderte sich bis zum Amerikanischen Bürgerkrieg 1861 bis 1865. Die Nachfrage nach Produkten aus Krokodilleder, insbesondere nach Schuhen, Gürteln und Taschen, stieg stark an. Aus dem Jahr 1888 liegen Zahlen einer einzelnen Jagdgruppe von zehn Jägern vor, die in einem Jahr über 5.000 Alligatoren getötet hatten, in einigen Teilen Floridas waren Tagesquoten von über 200 Tieren normal. Auch der Fang von Jungalligatoren und deren Verkauf lebend oder präpariert waren sehr lukrativ. Um etwa 1900 brachen die Bestände des Mississippi-Alligators zusammen, und man begann, in Mexiko und anderen Teilen Mittel- und Südamerikas Alternativen zu suchen. Diese fand man vor allem in den Spitzkrokodilen, während der Krokodilkaiman als minderwertig eingestuft wurde. Als um 1930 auch die anderen amerikanischen Arten seltener wurden, fand man Alternativen im Nilkrokodil in Afrika sowie in den asiatischen Arten.

Die Bestände des Mississippi-Alligators gingen indes weiter zurück. Betrug die Anzahl der umgesetzten Häute in Florida 1929 noch 190.000, so sank sie bis in das Jahr 1943 auf nur noch 6.800 Häute. 1944 wurde der Alligator während der Fortpflanzungszeit und bis zu einer Körpergröße von 1,20 Metern unter Schutz gestellt, damit sich die Bestände wieder erholen konnten. 1947 stieg durch diese Maßnahme das Handelsvolumen wieder auf 25.000 Häute.

Nilkrokodile

Neben dem Mississippi-Alligator war es vor allem das Nilkrokodil, das für die Lederindustrie bejagt wurde. Dabei sind die Zahlen der in Afrika erlegten Krokodile sehr lückenhaft. Die frühesten Berichte über Krokodiljagden in Afrika stammen aus der zweiten Hälfte des 19. Jahrhunderts. Dabei war die Jagd um 1850 lediglich auf wenige Tiere zur Fleisch- und Fettgewinnung beschränkt. Am 2. Juli 1869 erschien in einer lokalen Zeitung, dem „*Natal Herald*", ein Artikel, in dem es hieß, dass Krokodilsleder für die Herstellung von Lederwaren heiß begehrt sei. Dieser Bericht veranlasste die ersten Jäger, ihren Lebensunterhalt mit dem Töten von Krokodilen zu verdienen. Um 1913 wurde der Anreiz noch erhöht, da in einigen Gebieten Afrikas Abschussquoten für die als Schädlinge betrachteten Tiere bezahlt wurden. Bis in die 1950er Jahre stiegen die Abschussquoten an, einzelne Jäger erlegten Hunderte der Tiere in jedem Jahr. Die Verkaufszahlen betrugen einige

100.000 Tiere, genaue Zahlen sind nicht bekannt. Erst um 1970 wurden die Nilkrokodile in den meisten afrikanischen Ländern unter Schutz gestellt.

Auch wenn die Mississippi-Alligatoren und die Nilkrokodile vom Raubbau durch die Jagd am meisten betroffen waren, betraf die Bejagung alle Krokodilarten der Welt. Dabei ging es nicht immer nur um die Haut, in Indien wurden die Ganges-Gaviale von den Einheimischen (trotz religiöser Verbote) vor allem als Fischfänger und von den Briten sportlich motiviert erlegt. In Asien, Südamerika und Ozeanien setzte die kommerzielle Jagd vor allem in den 1960er Jahren ein, wobei sich die kommerziellen Jäger häufig einheimische Jäger suchten, die ihnen bei der Suche und Jagd nach den Krokodilen halfen. Auf diese Weise wurden viele Arten beinahe vollständig ausgerottet, unter ihnen die endemischen Krokodile der Philippinen und der australischen Inselwelt sowie der Mohrenkaiman in Südamerika. Seit auch diese Bestände zurückgingen, wurden alle Krokodile unter internationalen Schutz gestellt und der Handel mit Krokodilprodukten massiv eingeschränkt. Heute stammen die meisten Produkte aus Krokodilfarmen oder vom Krokodilkaiman, der eingeschränkt bejagt werden darf, jedoch „minderwertiges" Leder liefert.

Krokodilfarmen

Krokodilfarmen wurden vor allem auf Bestreben der Leder verarbeitenden Industrie eingerichtet, als die Bestände vieler kommerziell nutzbarer Krokodilarten zu schwinden drohten. Diese unterscheiden sich von reinen Schauanlagen dadurch, dass die Tiere dort nicht nur gehalten, sondern auch genutzt werden können. Heute gibt es für verschiedene Arten Zuchtanlagen, die neben der Nutzung vor allem der Arterhaltung und der Aufstockung der Wildbestände dienen. Die Haupteinnahmequellen für diese Farmen ist heute allerdings nicht mehr die Lederindustrie – hauptsächlich dienen die Farmen als touristische Attraktionen.

Krokodile in der Show einer thailändischen Krokodilfarm

Vor allem in den südlichen USA hat sich neben den Krokodilfarmen die Krokodilranch etabliert, die Eier und Jungtiere aus der Wildnis entnimmt und kommerziell nutzt. Dies ist möglich, da sich der Bestand der Mississippi-Alligatoren weitgehend stabilisiert hat. Auf diese Weise können kommerzielle Krokodilranches sowohl das Leder als auch das Fleisch vermarkten, Gatorburger und Schmalz aus Alligatorenfett gehören dabei zu den Hauptprodukten. Krokodilfarmen und -ranches unterliegen ständigen Kontrollen und Handelseinschränkungen durch die Convention on International Trade in Endangered Species of the Wild Fauna and Flora (CITES). Um Krokodile kommerziell nutzen zu können, müssen die Betriebe immer nachweisen können, dass sie eine überlebensfähige Generation in der Zucht behalten.

Terrarienhaltung

Die Haltung von Krokodilen als Terrarientiere spielt nur eine sehr geringe Rolle, nimmt aber seit einigen Jahren zu. Dabei sind es vor allem die kleineren Arten, die als Heimtiere gehalten werden, darunter etwa das Stumpfkrokodil oder die kleineren Kaimanarten. Wie beim Handel mit Krokodilprodukten unterliegen auch die lebenden Krokodile strengen Handelseinschränkungen und dürfen nur mit vorhandenen Genehmigungspapieren der CITES weitergegeben werden. Hinzu kommen Haltungsvorschriften, die vor allem die Größe und Ausstattung des Terrariums betreffen, sowie regional Auflagen zur Haltung „gefährlicher Tiere".

Mississippi-Alligatoren im Tierpark Berlin

Die Haltung der Tiere gilt als nur für Terrarienexperten geeignet.

Herkunft des Namens

Der Name „Krokodile" geht auf das altgriechische Wort „κροκόδῑλος" [krokódīlos] zurück, dessen Ursprung vermutlich in „κροκό-δριλος" [krokó-drilos], „Steinwurm", zu finden ist, einer Verknüpfung von κρόκη [króke], gleich κροκάλη [krokále], „Strandkiesel" – wohl vom altindischen Wort „śárkarā" abstammend –, mit δρῖλος [drîlos], „Wurm".

Literatur

- Charles A. Ross (Hrsg.): *Krokodile und Alligatoren – Entwicklung, Biologie und Verbreitung.* Jahr, Hamburg 1994, Orbis, Niedernhausen 2002. ISBN 3-572-01319-4
- Wolfgang Böhme, Martin Sander: *Crocodylia, Krokodile.* in: Wilfried Westheide (Hrsg.): *Spezielle Zoologie.* Teil 2. Wirbel- und Schädeltiere. Fischer, Stuttgart 1996, Spektrum Akademischer Verlag, Heidelberg 2004. ISBN 3-8274-0307-3
- Joachim Brock: *Krokodile – Ein Leben mit Panzerechsen.* Natur und Tier, Münster 1998. ISBN 3-931587-11-8
- Albert Reese: The Knickerbocker Press. G. P. Putnam's Sons, New York 1915 (PDF-Download).
- Reinhard Radke: *Krokodile – Expeditionen zu den Erben der Saurier.* Lübbe, Bergisch-Gladbach 2002 (erzählender Bildband). ISBN 3-7857-2105-6

Ausführliche Bibliographien finden sich unter The Bibliography of Crocodilian Biology [2] (englisch) und Crocodile Library [3] (Link nicht mehr abrufbar)

Weblinks

- The Crocodile Specialist Group [4] (englisch)
- Crocodilians Natural History & Conservation [5] (englisch)
- Crocodilian, Tuatara, and Turtles Species of the World [6] (englisch)
- Crocodylomorpha: Overview [7] (englisch)
- Springende Krokodile in Australien [8] (deutsch)
- Unvorsichtiges Verhalten von Badenden und deren tödliche Konsequenzen [9] (englisch)
- Linkliste der Crocodile Specialist Group [10] (weitere Links, englisch)
- Angelika Lohwasser: *Die Macht des Krokodils.* In: Martin Fitzenreiter: *Tierkulte im pharaonischen Ägypten und im Kulturvergleich.* Internet-Beiträge zur Ägyptologie und Sudanarchäologie Vol. 4, Humboldt-Universität Berlin, 2003 [11] (PDF-Datei; 15 kB)

Belege

[1] Authorities capture the biggest crocodile ever recorded (http://news.mongabay.com/2011/0906-giant_croc.html), abgerufen am 7. September 2011
[2] http://web.archive.org/web/20070908050024/http://utweb.ut.edu/faculty/mmeers/bcb/index.html
[3] http://www.tiho-hannover.de/croc/
[4] http://www.iucncsg.org/ph1/modules/Home/
[5] http://crocodilian.com/
[6] http://web.archive.org/web/20080531171834/http://www.flmnh.ufl.edu/natsci/herpetology/turtcroclist/
[7] http://www.palaeos.com/Vertebrates/Units/Unit290/290.000.html
[8] http://www.vossyline.de/artikel/reiseberichte/krokodile.htm
[9] http://www.kcra.com/news/2280580/detail.html
[10] http://web.archive.org/web/20080603050800/http://www.flmnh.ufl.edu/natsci/herpetology/crocs/CSGcrocsites.htm
[11] http://www2.rz.hu-berlin.de/nilus/net-publications/ibaes4/lohwasser/text.pdf

Crocodylus

Crocodylus	
 Nilkrokodile (*Crocodylus niloticus*)	
Systematik	
Reihe:	Landwirbeltiere (Tetrapoda)
Klasse:	Reptilien (Reptilia)
Ordnung:	Krokodile (Crocodylia)
Familie:	Echte Krokodile (Crocodylidae)
Gattung:	*Crocodylus*
Wissenschaftlicher Name	
Crocodylus	
Laurenti, 1768	

Die Gattung ***Crocodylus*** stellt die größte Gattung der Krokodile (Crocodylia) und dort der Echten Krokodile dar. Sie umfasst 12 Arten, die in den tropischen Regionen Afrikas, Asiens und Ozeaniens sowie Südamerikas anzutreffen sind.

Merkmale

Crocodylus-Arten sind mittelgroße bis sehr große Krokodile die im Vergleich zu den Stumpfkrokodilen (*Ostaeolaemus*) längere Schnauzen haben aber genau wie diese, im Gegensatz zum Sunda-Gavial, weniger als zwanzig Zähne je Oberkieferseite und klar getrennte Nacken- und Rückenschuppen aufweisen.[1] Die Arten der Gattung unterscheiden sich von allen anderen Echten Krokodilen durch vier Synapomorphien des Skeletts: Eine taillenartige Einbuchtung am Darmbein (Ilium), mehrere Einbuchtungen auf der Innenseite des Oberkieferknochens, einen gegabelten vorderen Ectopterygoidfortsatz und einem bei seitlicher Betrachtung des Unterkiefers sichtbares Os articulare. [2]

Systematik

Der Gattung gehören neben mehreren fossilen Arten zwölf heute vorkommende Arten an[2]:

- Gattung: *Crocodylus*
    - Salzwasserkrokodil oder Leistenkrokodil (*Crocodylus porosus*)
    - Nilkrokodil (*Crocodylus niloticus*)
    - Kuba- oder Rautenkrokodil (*Crocodylus rhombifer*)
    - Spitzkrokodil (*Crocodylus acutus*)
    - Orinoko-Krokodil (*Crocodylus intermedius*)
    - Sumpfkrokodil (*Crocodylus palustris*)
    - Siam-Krokodil (*Crocodylus siamensis*)
    - Philippinen-Krokodil (*Crocodylus mindorensis*)
    - Beulenkrokodil (*Crocodylus moreletii*)
    - Neuguinea-Krokodil (*Crocodylus novaeguineae*)
    - Australien-Krokodil (*Crocodylus johnsoni*)
    - Panzerkrokodil (*Crocodylus cataphractus*)

Literatur

- Charles A. Ross (Hrsg.): *Krokodile und Alligatoren – Entwicklung, Biologie und Verbreitung*, Orbis Verlag Niedernhausen 2002

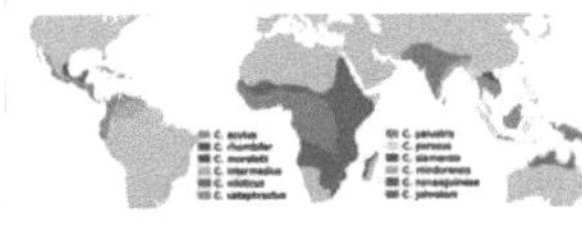
Verbreitungsgebiet der *Crocodylus*-Arten

Weblinks

- *Crocodylus* [3] in The Reptile Database

Einzelnachweise

[1] Jay Mathers Savage: *The amphibians and reptiles of Costa Rica: a herpetofauna between two continents, between two seas.* University of Chicago Press, 2002, ISBN 9780226735375, S. 778.

[2] Christopher A. Brochu: *Phylogenetic Relationships and Divergence Timing of Crocodylus Based on Morphology and the Fossil Record.* In: *Copeia.* Nr. 3, 2000, S. 657–673.

[3] http://reptile-database.reptarium.cz/search.php?genus=Crocodylus&exact%5B%5D=genus&submit=Search

Auguste_Duméril

Auguste Henri André Duméril (* 30. November 1812 in Paris; † 12. November 1870 in Paris) war ein französischer Zoologe. Er war von 1857 an Professor für Herpetologie und Ichthyologie am Muséum national d'histoire naturelle in Paris.

Auguste Duméril.

Leben

Sein Vater, war André Marie Constant Duméril (1774-1860) (*Duméril, A.M.C.*) der zunächst auch wie sein Sohn Medizin studierte und dann über die vergleichende Anatomie zur Zoologie fand. Seine Mutter Alphonsine Delaroche (1778-1852)[1] [2] war eine Schwester von François Étienne Delaroche (1781-1813)[3].

A.H.A.Dumeril (*Duméril, A.H.A.*) studierte Medizin an der Universität von Paris, *Université de Paris* und wird zum Doktor der Wissenschaften im Jahre 1842 promoviert. Er wurde im Jahre 1844, innerhalb der gleichen Universität, Dozent für vergleichende Physiologie. A.Duméril begann seine wissenschaftliche Laufbahn als Assistent seines Vaters André Marie Constant Duméril, dem Leiter des Museums, und unterstützte ihn bei dessen Beschreibungen aller bekannten Reptilien in der *Erpétologie générale*. Damit ersetzte er seinen Vorgänger Gabriel Bibron (1805-1848), der während der Arbeiten an dem Werk 1848 an Tuberkulose starb. A.H.A.Duméril übernahm seine Position und führte die Arbeiten gemeinsam mit seinem Vater zu Ende, bevor er 1857 selbst Professor am Muséum national d'histoire naturelle wurde. A.H.A.Duméril war besonders an den Bedingungen der Metamorphose des Axolotl (Ambystoma mexicanum, Shaw,G. & Nodder,R.P., 1798) interessiert und beobachtete in der Menagerie des Muséum d'histoire naturelle u.a. die Umwandlung dieser Amphibien. Im Jahre 1869 wurde er Mitglied der Académie des sciences.

Werke

- Dumeril, A.H.A.: (1846) *L'évolution du foetus*.Paris, Fain et Thunot
- Duméril, A.M.C.; Dumeril, A.H.A.: (1851) *Catalogue méthodique de la collection des reptiles du Muséum d'Histoire Naturelle de Paris*. Gide et Baudry/Roret, Paris, 224 pp.
- Dumeril, A.H.A.: (1865)*Histoire naturelle des poissons ou Ichtyologie générale* Librairie encyclopèdique de Roret, Paris
- Duméril A.H.A.; Bocourt, M.F., Mocquard M.F.: (1870–1900) *Études sur les reptiles*. Mission Scientifique au Mexique et dans l'Amérique Centrale. – Recherches zoologiques. Troisème Parite. – Ire Section. Études sur les reptiles. Paris: Imprimerie Imperiale.
- Duméril, A.M.C.; Bibron, G. & Duméril, A.H.A. (1854) Erpétologie Générale ou Histoire Naturelle Complète des Reptiles. Tome septième. Librairie Encyclopédique de Roret, Paris, xi + xvi + 780 pp. (première partie), xii + 756 pp. (numbered 781–1536) (deuxième partie).
- Duméril, A.M.C.; Bibron, G. & Duméril, A.H.A. (1854) Erpétologie Générale ou Histoire Naturelle Complète des Reptiles. Tome neuvième. Librairie Encyclopédique de Roret, Paris, xx + 440 pp.
- Duméril, A.M.C.; Bibron, G. & Duméril, A.H.A. (1854) Erpétologie Générale ou Histoire Naturelle Complète des Reptiles. Atlas. Librairie Encyclopédique de Roret, Paris, 24 pp. + 108 plates.
- Duméril, A.M.C.; Duméril, A.H.A. (1851) Catalogue méthodique de la collection des reptiles du Muséum d'Histoire Naturelle de Paris. Gide et Baudry/Roret, Paris, iv + 224 pp.

Literatur

- Duméril, A.M.C. ; Bibron, G.: (1835) Erpétologie Générale ou Histoire Naturelle Complète des Reptiles. Tome second. Librairie Encyclopédique de Roret, Paris, iv + 680 pp.
- Duméril, A.M.C. ; Bibron, G. (1836) Erpétologie Générale ou Histoire Naturelle Complète des Reptiles. Tome troisième. Librairie Encyclopédique de Roret, Paris, iv + 518 pp.
- Duméril, A.M.C. ; Bibron, G. (1837) Erpétologie Générale ou Histoire Naturelle Complète des Reptiles. Tome quatrième. Librairie Encyclopédique de Roret, Paris, ii + 572 pp.
- Duméril, A.M.C. ; Bibron, G. (1839) Erpétologie Générale ou Histoire Naturelle Complète des Reptiles. Tome cinqième. Librairie Encyclopédique de Roret, Paris, viii + 855 pp.
- Duméril, A.M.C. ; Bibron, G. (1844) Erpétologie Générale ou Histoire Naturelle Complète des Reptiles. Tome sixième.Librairie Encyclopédique de Roret, Paris, xii + 610 pp.

Einzelnachweise

[1] http://correspondancefamiliale.ehess.fr/docannexe.php?id=3661
[2] http://correspondancefamiliale.ehess.fr/
[3] http://www.tmbl.gu.se/libdb/taxon/personetymol/petymol.d.html

Gabriel_Bibron

Gabriel Bibron (* 20. Oktober 1805 in Paris; † 27. März 1848 in Saint-Alban-les-Eaux, Département Loire) war ein französischer Zoologe.

Gabriel Bibron.

In den Jahren 1827 bis 1833, während der Griechischen Revolution, war er Teilnehmer der französischen wissenschaftlichen Expedition in der Peloponnes-Landschaft Morea in Griechenland.

Bibron arbeitete am Muséum national d'histoire naturelle. Zusammen mit André Marie Constant Duméril klassifizierte er eine große Anzahl von Reptilien.

Er starb in Saint-Alban an Tuberkulose.

Werke

- *Erpetologie generale: ou, Histoire naturelle complete des reptiles*. 1835-1850, 9 Bände, (zusammen mit André Marie Constant Duméril) online [1]

Weblinks

- Terrapedia:Gabriel Bibron [2]

References

[1] http://books.google.de/books?q=editions:LCCN06014283&id=LV84AAAAMAAJ&source=gbs_book_other_versions_r&cad=3_1
[2] http://www.terrapedia.de/Bibron,_Gabriel

Mittelamerika

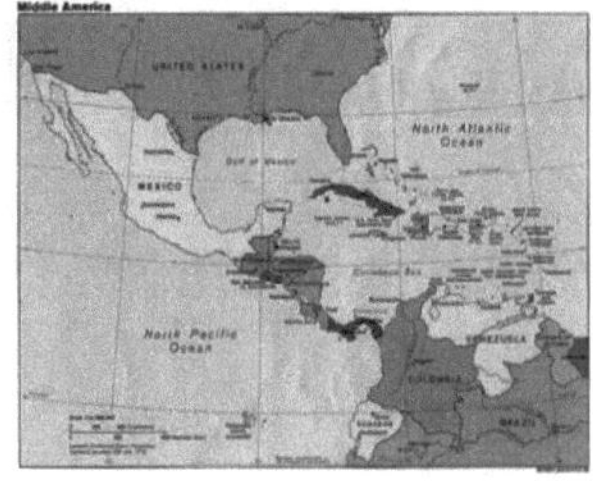
Karte Mittelamerikas inklusive Mexiko

Mittelamerika umfasst die Landbrücke zwischen Nord- und Südamerika sowie die Westindischen Inseln und reicht im Norden geologisch und geographisch bis zum Isthmus von Tehuantepec in Mexiko. Historisch gesehen kann Mittelamerika als eigenständiger Kulturraum betrachtet werden, geographisch jedoch ist es eine Großregion Nordamerikas. Das Festland Mittelamerikas zwischen dem Isthmus von Tehuantepec und dem Isthmus von Darién bzw. der Atratosenke an der Grenze zwischen Panama und Kolumbien bezeichnet man als *Zentralamerika*. Nicht zur Landbrücke gehören die Kleinen und Großen Antillen.

Häufig wird wegen seiner kultur- und sprachgeschichtlichen Zugehörigkeit zu Lateinamerika ganz Mexiko zu Mittelamerika gezählt.[1]

Auf der Landbrücke wird neben verschiedenen indigenen Sprachen überwiegend Spanisch gesprochen. Einzige Ausnahme ist das englischsprachige Belize sowie die Ostküste von Nicaragua, die trotz starker Zuwanderung von spanischsprachigen Mestizen und Spaniern nach wie vor überwiegend von englischsprachigen Garifuna bewohnt wird.

Auf den Inseln der Karibik werden Englisch, Französisch, Spanisch und Niederländisch gesprochen.

Die Bewohner Mittelamerikas stammen von den einheimischen Indianern (auf dem Festland – die karibischen Ureinwohner sind fast ausgerottet), den eingewanderten Europäern und afrikanischen Sklaven ab.

Siehe auch

- Geschichte Mittelamerikas

Einzelnachweise

[1] „Mittelamerika“ in Meyers Lexikon (http://web.archive.org/web/20080106074349/http://lexikon.meyers.de/meyers/Mittelamerika)

Weblinks

- Literatur zum Schlagwort *Mittelamerika* im Katalog der DNB (http://d-nb.info/gnd/4039660-5) und in den Bibliotheksverbünden GBV (http://gso.gbv.de/DB=2.1/CMD?ACT=SRCHA&IKT=1016&SRT=YOP&TRM=4039660-5) und SWB (http://swb2.bsz-bw.de/DB=2.1/CMD?ACT=SRCHA&IKT=2013&SRT=YOP&REC=2&TRM=4039660-5)

Koordinaten: 17° N, 91° W

Sympatrie

Als **Sympatrie** (von griechisch σύν (sýn) „zusammen mit, gemeinsam, zugleich, gleichartig“ und altgr. πατρίς (patris) „Vaterland“) bezeichnet man in der Biologie eine Form der geographischen Verbreitung, bei der sich die Verbreitungsgebiete von Angehörigen zweier Populationen, Unterarten oder Arten überlappen, also nahe verwandte Populationen im selben geographischen Gebiet gemeinsam vorkommen, so dass sie sich begegnen und unter Umständen auch kreuzen können.

Die Sympatrie stellt den Gegensatz zur Parapatrie dar, bei der es keine direkte Überschneidung der Gebiete gibt, diese aber aneinander angrenzen, und zur Allopatrie, bei der die Verbreitungsgebiete nah verwandter Arten oder Populationen räumlich vollständig getrennt sind.

Für die Evolutionsbiologie spielt die Sympatrie zudem eine Rolle im Kontext der sympatrischen Artbildung.

Wenn Arten oder Populationen überlappende Verbreitungsgebiete aufweisen (also sympatrisch sind), sich aber in unterschiedlichen Lebensräumen eingenischt haben, so spricht man von *ökologischer Separation* (im Gegensatz zu *geographischer Separation*).

Spitzkrokodil

Spitzkrokodil	
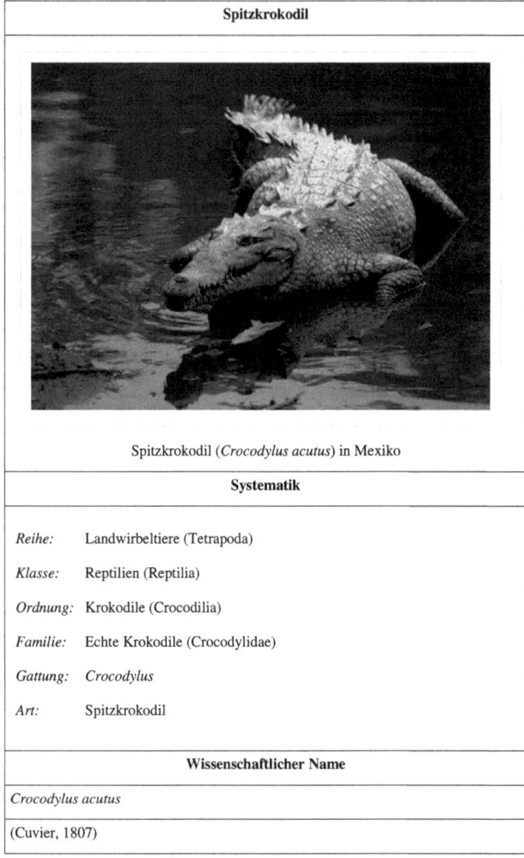 Spitzkrokodil (*Crocodylus acutus*) in Mexiko	
Systematik	
Reihe:	Landwirbeltiere (Tetrapoda)
Klasse:	Reptilien (Reptilia)
Ordnung:	Krokodile (Crocodilia)
Familie:	Echte Krokodile (Crocodylidae)
Gattung:	*Crocodylus*
Art:	Spitzkrokodil
Wissenschaftlicher Name	
Crocodylus acutus	
(Cuvier, 1807)	

Das **Spitzkrokodil** (*Crocodylus acutus*) ist ein amerikanischer Vertreter aus der Familie der Echten Krokodile.

Merkmale

Das Spitzkrokodil erreicht Körperlängen von sieben Metern, wobei die Männchen deutlich größer werden als die Weibchen. Als Jungtiere sind die Krokodile grau bis gelblich braun gefärbt und weisen dunkelere Querbänder auf dem Körper auf. Mit dem Alter verblasst die Zeichnung bei den meisten Exemplaren, wodurch erwachsene Krokodile meistens einheitlich oliv- bis grau-braun sind. Auffällig ist eine deutliche Erhebung vor den Augen sowie der aus asymmetrischen Platten aufgebaute Rückenpanzer.

Verbreitung

Das Verbreitungsgebiet dieser Art erstreckt sich über einen großen Teil Mittelamerikas sowie über den Norden Südamerikas (Venezuela und Kolumbien sowie Ecuador bis Südperu). Außerdem findet man diese Krokodile in der karibischen Inselwelt auf Kuba, Jamaika, den Kaimaninseln, Hispaniola, Martinique, Trinidad und Isla Margarita sowie in Florida in den südlichen Everglades und auf den Florida Keys. Es lebt meist in küstennahen Süßgewässern in den Oberläufen von Flüssen sowie in Seen. In der Roten Liste gefährdeter Arten der Weltnaturschutzunion wird das Spitzkrokodil als *vulnerable* (gefährdet) geführt.

Verbreitung

Lebensweise

Ein Spitzkrokodil bei La Manzanilla im mexikanischen Bundesstaat Jalisco

Die Spitzkrokodile sind Grubennister, die zur Eiablage Löcher in sandige Ufer oder Sandbänke graben. Fehlen Sandflächen, so vergraben sie die Eier auch in der Vegetation oder in Kies- und Mergelflächen. Auf die Eier werden Pflanzenreste gestapelt. Wahrscheinlich werden Nester mehrfach genutzt, bei Spitzkrokodilen in Florida konnte beobachtet werden, dass mehrere Weibchen gemeinsam ein Nest nutzen, während die Krokodile in Chiapas und Mexiko eine strenge Territorialität aufweisen. Die Mütter bewachen die Nester bis zum Schlüpfen der Jungtiere und tragen diese dann zum Wasser. Trotzdem ist die Brut nur in manchen Regionen des Verbreitungsgebietes erfolgreich, da die Jungtiere in salzhaltigen Gebieten austrocknen.

Jungtiere ernähren sich vor allem von Insekten und anderen Kleintieren. Mit der Zunahme der Größe wächst auch die Größe der Beutetiere, sodass sich das Nahrungsspektrum über Fische, Schlangen, Krebstiere, Schildkröten, Amphibien, Vögel sowie Säugetiere erstreckt. Auch Angriffe auf Menschen kommen bei dieser Art vor, sind jedoch sehr selten.

Literatur

- Charles A. Ross (Hrsg.): *Krokodile und Alligatoren. Entwicklung, Biologie und Verbreitung.* Orbis Verlag, Niedernhausen 2002, ISBN 978-3-572-01319-7
- Joachim Brock: *Krokodile - Ein Leben mit Panzerechsen.* Natur und Tier Verlag, Münster 1998, ISBN 978-3-931587-11-6

Weblinks

- *Crocodylus acutus* [1] in der Roten Liste gefährdeter Arten der IUCN 2008. Eingestellt von: Crocodile Specialist Group, 1996. Abgerufen am 10. April 2009
- *Crocodylus acutus* [2] in The Reptile Database

References

[1] http://www.iucnredlist.org/apps/redlist/details/5659/0

[2] http://reptile-database.reptarium.cz/search.php?genus=Crocodylus&exact%5B%5D=genus&species=acutus&exact%5B%5D=species&submit=Search

Nasenbein

Das **Nasenbein** (lat. *Os nasale*) ist ein paariger Knochen des Gesichtsschädels. Es bildet den größten Teil des Nasendachs und damit der oberen Wand der Nasenhöhle.

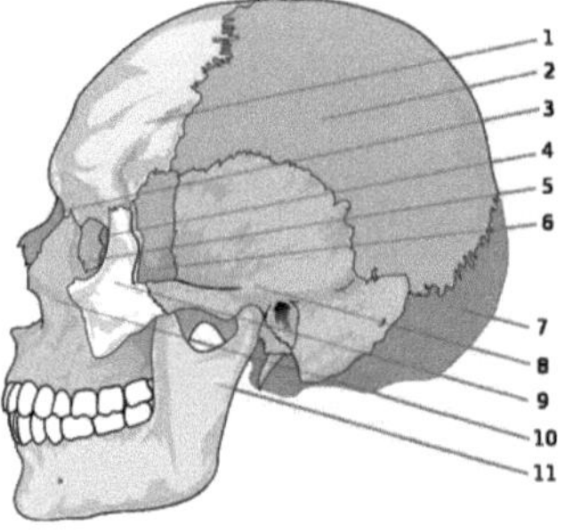

Schädel in Seitenansicht:
1. Stirnbein (Os frontale)
2. Scheitelbein (Os parietale)
3. Nasenbein (Os nasale) (grün)
4. Siebbein (Os ethmoidale)
5. Tränenbein (Os lacrimale)
6. Keilbein (Os sphenoidale)
7. Hinterhauptsbein (Os occipitale)
8. Schläfenbein (Os temporale)
9. Jochbein (Os zygomaticum)
10. Oberkiefer (Maxilla)
11. Unterkiefer (Mandibula)

An der Innenseite des Nasenbeins sind die Nasenscheidewand (*Septum nasi*) und die obere Nasenmuschel (*Concha nasalis superior*) befestigt. Letztere begrenzt auch den oberen Nasengang („Riechgang").

Bei vielen Säugetieren (Ausnahmen: Mensch, Raubtiere) ragt das Nasenbein nach vorn über das Zwischenkieferbein (*Os incisivum*) hinaus, so dass ein nach vorn offener, spitzwinkliger Einschnitt (*Incisura nasoincisiva*) ausgebildet ist.

Durch Schläge von außen kann es leicht zu einer Fraktur des Nasenbeins kommen (siehe Nasenbeinfraktur).

Literatur

- F.-V. Salomon: *Knöchernes Skelett.* In: Salomon, F.-V. u. a. (Hrsg.): *Anatomie für die Tiermedizin.* Enke-Verlag, Stuttgart 2004, S. 37-110. ISBN 3-8304-1007-7

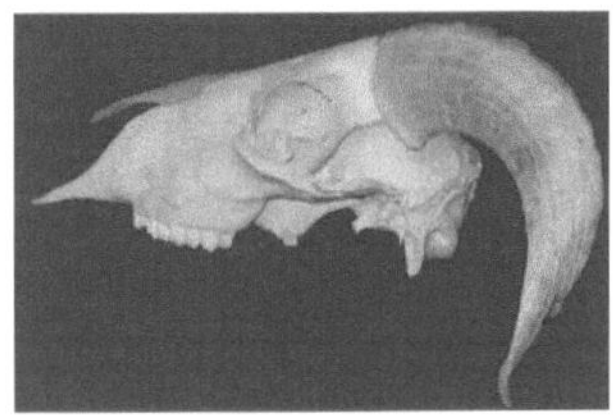

Schädel eines Schafes
Nasenbein farbig markiert

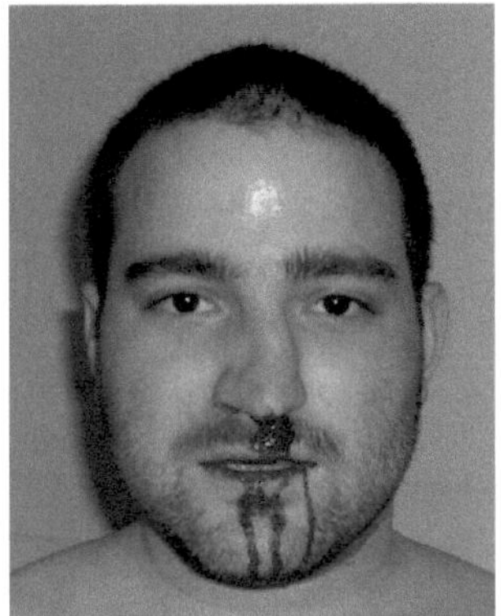

Fraktur des Nasenbeins

Tamaulipas

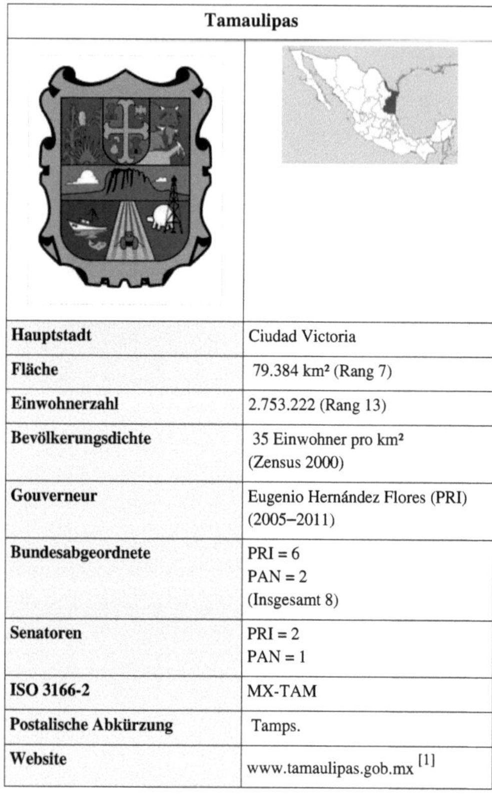

Tamaulipas	
Hauptstadt	Ciudad Victoria
Fläche	79.384 km² (Rang 7)
Einwohnerzahl	2.753.222 (Rang 13)
Bevölkerungsdichte	35 Einwohner pro km² (Zensus 2000)
Gouverneur	Eugenio Hernández Flores (PRI) (2005–2011)
Bundesabgeordnete	PRI = 6 PAN = 2 (Insgesamt 8)
Senatoren	PRI = 2 PAN = 1
ISO 3166-2	MX-TAM
Postalische Abkürzung	Tamps.
Website	www.tamaulipas.gob.mx [1]

Tamaulipas (abgeleitet von ***Ta ma ho'lipam*** – ‚da, wo Lipan beten') ist ein Bundesstaat in Nordostmexiko südlich der Mündung des Rio Grande in den Golf von Mexiko. Er hat 2,753 Mio. Einwohner auf 79.384 km². Hauptstadt ist Ciudad Victoria.

Aufgrund der langen Grenze zu Texas kommt dem Grenzverkehr besondere Bedeutung zu, in den Grenzstädten Nuevo Laredo, Reynosa und Matamoros finden sich auch viele Maquiladoras (aus den USA ausgelagerte Industriebetriebe). Wirtschaftlich bedeutend ist auch die Hafenstadt Tampico weiter im Süden.

1774 wurde die Gegend als politische Einheit organisiert und ursprünglich *Nuevo Santander* genannt.

Die Nordgrenze war ursprünglich am Nueces River im heutigen Texas, bis im Vertrag von Guadalupe Hidalgo der Rio Grande als Nordgrenze Mexikos definiert wurde. Daraus erklärt sich auch der kuriose Grenzverlauf im Nordwesten.

Größte Städte

Stadt	Einwohner 2000 (Volkszählung)	Einwohner 2005 (Fortschreibung)
Reynosa	403.718	498.654
Matamoros	376.279	435.145
Nuevo Laredo	308.828	349.550
Tampico	295.442	309.003
Ciudad Victoria	249.029	269.923
Ciudad Madero	182.325	192.736
Ciudad Mante	80.533	79.981
Río Bravo	80.140	85.481
Miramar	58.104	67.689
Valle Hermoso	43.018	47.831
Altamira	41.713	54.954
San Fernando	27.053	29.171
Miguel Alemán	18.368	19.857

Indigene Stämme

- Coahuiltec (halbnomadische Gruppen, zwischen 1750 und 1770 von den Lipan-Apachen verdrängt und stark dezimiert, suchten sie vor den Attacken der Apachen in den Missionen der Spanier Schutz, durch eingeschleppte Seuchen (Pocken, Masern) sowie die andauernden Kriege an der Apacheria-Grenze, in denen die Coahuiltec-Krieger den Spaniern als Scouts und Hilfstruppen dienten, verloren viele Gruppen ihre eigenständige Identität und gingen in der mexikanischen Gesellschaft auf)
- Lipan-Apachen (ab 1750 aus Coahuila und Texas südwärts vorgedrungene Gruppen der Lipan, um nach ihrer Verdrängung von den Südlichen Plains durch die Comanche und deren Verbündeten, hier ein neues Rückzugs- und Siedlungsgebiet zu finden, verdrängten die ursprüngliche indianische Bevölkerung und unternahmen von hier nun vermehrt Raubzüge nach Texas und in den Süden Mexikos. Ihre neugewonnenen Stammesgebiete im Norden Mexikos, in Coahuila, Nuevo León und Tamaulipas (von Ta ma ho'lipam – ‚da, wo Lipan beten') nannten sie **Naa-ci-ká** ('Circular House').)

Massaker in Tamaulipas

Am 24. August 2010 wurden in einer Hacienda nahe der Stadt San Fernando die Leichen von 72 Migranten aus Brasilien, Ecuador, Honduras und El Salvador entdeckt, deren Mord im Zusammenhang mit dem Drogenkrieg in Mexiko steht.[2]

Siehe auch

- Ciudad Mier

Weblinks

- Homepage des Bundesstaates [1] (spanisch)

Koordinaten: 24° N, 99° W [3]

Einzelnachweise

[1] http://www.tamaulipas.gob.mx/

[2] FAZ: *Entsetzen über Massaker in Mexiko* (http://www.faz.net/s/RubDDBDABB9457A437BAA85A49C26FB23A0/Doc~E92F3F0FB784A48AA9EDE891DB498D21F~ATpl~Ecommon~Scontent.html)

[3] http://toolserver.org/~geohack/geohack.php?pagename=Tamaulipas&language=de¶ms=24.2872222222_N_98.5633333333_W_region:MX-TAM_type:adm1st

Yucatán_(Halbinsel)

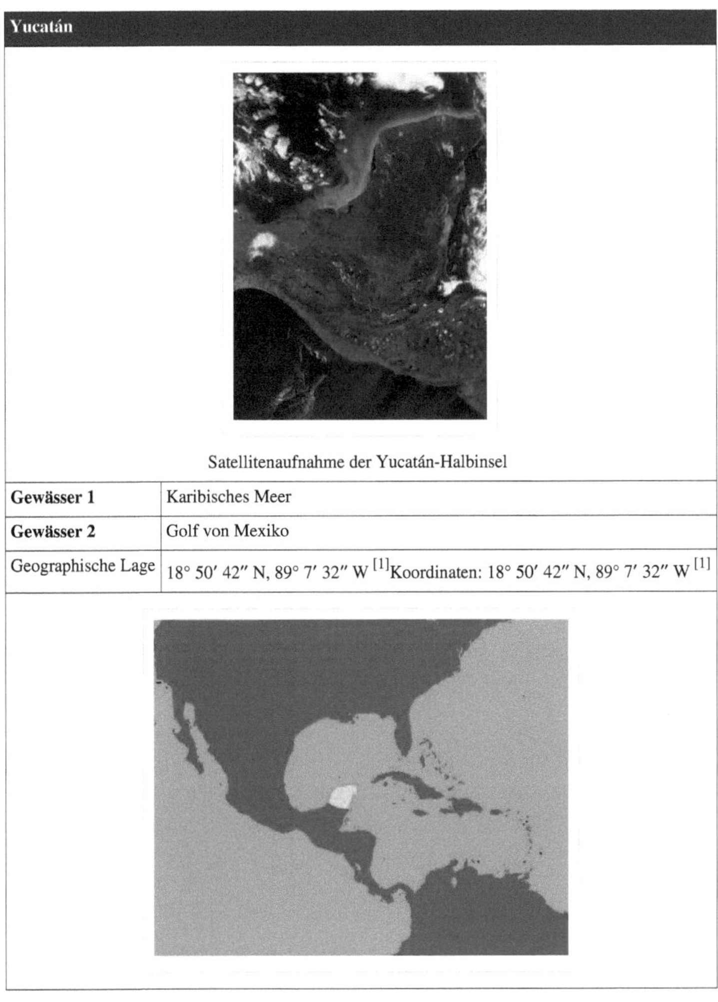

Yucatán	
Satellitenaufnahme der Yucatán-Halbinsel	
Gewässer 1	Karibisches Meer
Gewässer 2	Golf von Mexiko
Geographische Lage	18° 50′ 42″ N, 89° 7′ 32″ W [1]Koordinaten: 18° 50′ 42″ N, 89° 7′ 32″ W [1]

Yucatán (auf Mayathan früher *Yucal Peten*, auch **Mayab** „Land der Maya"), deutsch auch **Yukatan** ist eine Halbinsel Mittelamerikas, die den Golf von Mexiko vom karibischen Meer trennt. Der nördliche Teil gehört politisch zu Mexiko, verteilt auf die drei Bundesstaaten Yucatán, Campeche und Quintana Roo. Der Süden gehört zu Guatemala und Belize. Der östlichen Küste der Halbinsel ist Cozumel, die größte Insel Mexikos, vorgelagert.

Das Klima ist tropisch und heiß. Im feuchten Süden nehmen Regenwälder einen großen Teil der Vegetation ein. Im mittleren Teil dominiert dichter Wald. Bis auf wenige Hügel im Süden ist das Gebiet sehr flach. Im Kalksteinboden sind oft wassergefüllte Einbrüche (*Cenotes*) zu finden. Nach Norden hin wird das Klima immer trockener. Yucatán ist hurrikangefährdet.

Name

Im Chilam Balam wird der Name *Yucal Peten* für das heutige Yucatán erwähnt. Die Bedeutung des Namens kann erklärt werden mit *u* (Kragen), *cal* („Hals“) und *peten* (Insel, Provinz, Region, vgl. Petén, von *pet* „rund“), also *Yucal Peten* „Hals-Region“ oder „Hals-Insel“ im Sinne von „Halbinsel“. Es ist jedoch nicht bewiesen, dass von daher der spanische Name *Yucatán* abgeleitet ist, da es sich bei *Yucal Petén* ebenso um eine Maya-Volksetymologie des damals schon von den Spaniern benannten *Yucatán* handeln kann.

Eine verbreitete Namenserklärung ist ein angebliches Missverständnis zwischen neu angekommenen Spaniern und einheimischen Maya. Die Spanier fragten, wie dieses Land heiße, und die Maya antworteten: *Yuk ak katán* (oder *Ma' k u'uyik a t'àani'*), was so viel heißt wie: „Ich verstehe deine Sprache nicht“.

Auch Nahuatl wird als Ursprungssprache des Namens herangezogen, da in dieser Sprache *-tlan* eine häufige Ortsnamensendung ist. *Yuhcatla* wird in Simeons „Wörterbuch der Sprache Nahuatl“ als „verlassener Ort“ übersetzt. Molinia übersetzt *yuc* mit „zu den anderen gehörig“. Ebenso könnte es sich jedoch um ein Lehnwort (*Yucca-Pflanze*) handeln.

Geschichte

Im äußersten Nordwesten der Halbinsel Yucatán soll vor rund 65 Millionen Jahren ein großer Meteorit (KT-Impakt) eingeschlagen sein, der weite Teile der Erde verwüstet und unter anderem auch das Aussterben der Dinosaurier herbeigeführt haben könnte.

Vom 4. bis 10. Jahrhundert war Yucatán Zentrum der indigenen Maya-Kultur, die unzählige archäologische Stätten hinterlassen hat. Die bekanntesten sind Chichén Itzá, Uxmal, Tulúm und Edzná.

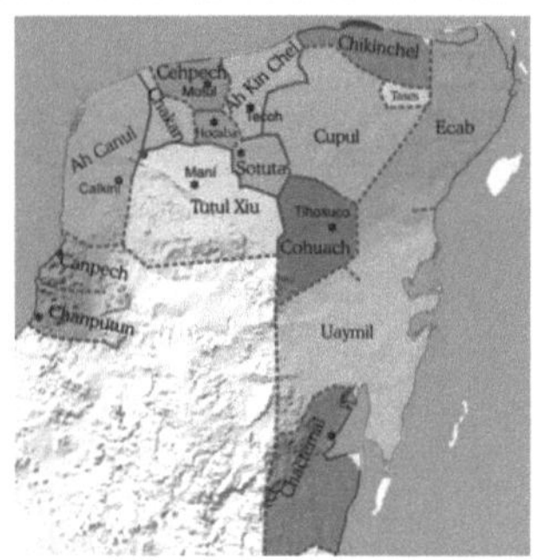

Politische Gliederung um 1500

Ab dem 12. Jahrhundert zeichnet sich auf dem Gebiet der Halbinsel eine Aufgliederung in einer Reihe von voneinander unabhängigen, zum Teil miteinander in Fehde liegenden ethnisch definierten politischen Einheiten ab.

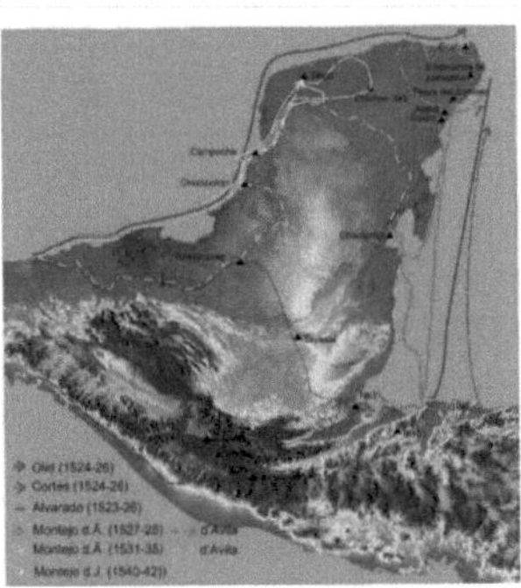
Spanische Erkundung und Eroberung Yucatáns

Europas Einfluss auf die Region begann zwischen 1517 und 1518. Erstmals erreichte Francisco Hernández de Córdoba 1517 die Küste bei Cabo Catoche, ihm folgte Juan de Grijalva 1518. Yucatán wurde 1527 von Francisco de Montijo d. Ä. erobert, der seine Hauptstadt in Tho, dem heutigen Mérida aufschlug, das 1542 unter spanische Kontrolle gekommen war. Die Verwaltung dieses Gebietes wechselte oft zwischen Neuspanien (dem heutigen Mexiko) und Guatemala, bis es sich 1822 dem neuen Staat Mexiko anschloss.

Als im Jahre 1821 Mexiko seine Unabhängigkeit von Spanien erlangte, wurde Yucatán am 2. November desselben Jahres als „Staat von Yucatán" Teil des unabhängigen Mexikos. Zum damaligen Zeitpunkt umfasste das Territorium auch noch die Gebiete der heutigen Bundesstaaten Campeche sowie Quintana Roo.

Im Jahre 1835 wurde in Mexiko eine zentralistisch ausgerichtete Regierung installiert. Yucatán wurde zu einer Provinz herabgestuft. Alle Regierungsgeschäfte wurden von Mexiko-Stadt aus zentralistisch organisiert.

Im Mai 1838 entflammten in Yucatán (Tizimin) erste Aufstände gegen die Zentralregierung. Dort wurden auch erste Unabhängigkeitsforderungen laut. Als 1840 die örtliche Kongressversammlung in Merida eine Erklärung der Unabhängigkeit verabschiedete, blockierte der mexikanische Gouverneur von Yucatán, Santiago Mendez, diese zunächst noch. Dies jedoch unter der Bedingung, dass die mexikanische Regierung die Verfassung von 1824 wiederherstellte. Der mexikanische Präsident Santa Anna delegierte daraufhin den Emissär Andres Quintana Roo nach Merida, dem es gelang, die Differenzen zu beseitigen und einen Friedensvertrag mit der örtlichen Regierung von Yucatán zu schließen.

Schon im März 1841 zeigte Präsident Santa Anna kein besonderes Interesse mehr an der Einhaltung der geschlossenen Vereinbarungen. Während einer Ratsversammlung in Merida wurde diese am 16. März 1841 von der Menge gestürmt.

In einer historischen Quelle (Juan Francisco Soles) heißt es:

> *„Am Abend des 16. März 1841 – während einer konstituierenden Versammlung – wurde der Hauptsaal von einer unbewaffneten Menge gestürmt, angeführt von Barbachano, Francisco Martin Peraza und einigen weiteren, die die volle Unabhängigkeit Yukatans forderten. Unter dem Druck der Menge willigten die Abgeordneten ein, ihre Verfassungsvorschläge noch einmal zu überdenken, (...) einigen Personen der aufgebrachten Menge gelang es, auf das Dach zu steigen, die mexikanische Flagge abzunehmen und die Nationalflagge von Yukatan zu hissen."*

Flagge von Yucatán 1841-1843

Einige Monate später, am 20. Oktober 1841 ließ Gouverneur Mendez sämtliche mexikanischen Flaggen entfernen und überall die neue Nationalflagge hissen. Gleichzeitig wurde die unabhängige **Republik Yucatán** deklariert. Die Nationalflagge wurde wie folgt beschrieben: „Die Flagge Yukatans ist in zwei Felder unterteilt: Eins auf der linken Seite in Grün und eins auf der rechten Seite – wiederum unterteilt in 3 Streifen: rot-weiß-rot - . Das grüne Feld enthält fünf wundervolle Sterne, die für die fünf Departements stehen, in die Yukatan lt. Dekret vom 30. November 1840 geteilt ist: Mérida, Izamal, Valladolid, Tekax und Campeche."

Die Verfassung von Yucatán baute in Teilen auf der mexikanischen von 1824, sowie derjenigen von Yucatán aus dem Jahre 1825 auf.

Der mexikanische Präsident Santa Anna lehnte die Anerkennung von Yucatáns Unabhängigkeit ab. Er befahl, alle yukatanischen Schiffe und den gesamten Handel zu blockieren. Zudem ließ er im Jahre 1843 eine Armee entsenden, um die Separation zu beenden. Die Invasionsarmee wurde jedoch von der yukatanischen besiegt. In Anbetracht der Tatsache, dass Yucatán wirtschaftlich ohne den mexikanischen Staat nicht überleben konnte, entschied Yucatáns Gouverneur Miguel Barbachano - aus der Position der erhaltenen Stärke heraus - mit Santa Anna zu verhandeln. Man stimmte zu, Yucatán wieder in den mexikanischen Staatsverband zu integrieren, sofern die Rückkehr zur Verfassung von 1825, sowie umfassende Selbstverwaltungsrechte eingeräumt würden. Am 15. Dezember 1843 wurde der entsprechende Vertrag ratifiziert. In Artikel 15 hieß es u.a.: „Yukatan soll keine andere als die Flagge der Nation führen". (D. h. die mexikanische.)

Bereits im Jahre 1845 wurden die Vereinbarungen erneut von der mexikanischen Regierung ignoriert, woraufhin Yucatán zum 1. Januar 1846 nochmals seine Unabhängigkeit erklärte. Als im gleichen Zeitraum der Mexikanisch-amerikanische Krieg ausbrach, erklärte Yucatán seine Neutralität.

Die Lage wurde weiter kompliziert durch Ausbruch des sogenannten „Kastenkriegs" (Guerra de Castas) im Jahre 1847. Die indigene Maya-Bevölkerung erhob sich gegen die politische und wirtschaftliche Kontrolle der spanischen Bevölkerung, was im Jahre 1848 dazu führte, dass der gesamte spanische Bevölkerungsanteil in Yucatán aus dem Lande vertrieben wurde. Ausgenommen davon waren lediglich die befestigten Städte Mérida und Campeche.

Die yukatanische Regierung in Merida wandte sich daraufhin an das Ausland mit der Bitte um Unterstützung im Kampf gegen die aufständischen Mayas. Gouverneur Mendez schickte gleichlautende Noten an die Regierungen von Großbritannien, Spanien und die USA. In diesen bot er die volle Souveränität über das Territorium von Yucatán derjenigen Nation an, die zuerst Hilfe gegen den Maya-Aufstand schickte. Der US-Präsident James K. Polk empfing in Washington den Botschafter von Yucatán und die Angelegenheit wurde anschließend im amerikanischen Kongress debattiert. Gemäß der „Monroe-Doktrin" wurde jedoch lediglich beschlossen, eine Warnung an europäische Mächte auszusprechen, sich nicht in die inneren Angelegenheiten Yucatáns einzumischen. Militärische Hilfe wurde nicht entsandt.

Nach dem Ende des Mexikanisch-Amerikanischen Krieges richtete Gouverneur Barbachano sein Hilfegesuchen an den Mexikanischen Präsidenten Jose Joaquin de Herrera. Als Gegenleistung stimmte Yucatán einer Anerkennung der mexikanischen Zentralregierung zu. Am 17. August 1848 kam es erneut zu einer Wiedervereinigung mit Mexiko.

In den folgenden Jahren kam es immer wieder zu kleineren aber auch größeren militärischen Auseinandersetzungen zwischen der Yukatanischen Regierung und den aufständischen Mayas. Erst im Jahre 1901 eroberte die mexikanische Armee den Maya-Hauptstützpunkt Chan Santa Cruz. Einzelne Maya-Gruppen führten den Kampf jedoch bis in die 1930er Jahre weiter.

1857 wurde der westliche Teil des mexikanischen Bundesstaat Yucatán abgetrennt und unter dem Namen Campeche als eigener Bundesstaat organisiert. 1902 wurde im Osten Quintana Roo als zentral verwaltetes Territorium im Zusammenhang mit der Bekämpfung der aufständischen Maya abgetrennt und erhielt erst 1974 als Bundesstaat die Selbstverwaltung.

Geologie

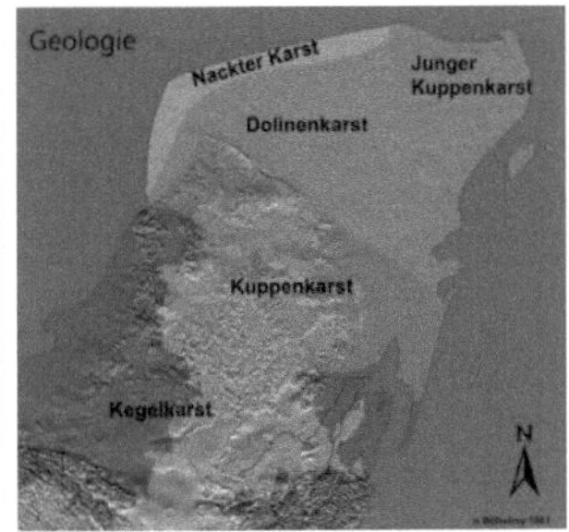

Geologie von Yucatán

Die Halbinsel stellt den offenen Teil der eigentlich größeren Landmasse Yucatáns dar, die aus Karbonat und löslichem Gestein wie Kalkstein und in manchen Tiefen auch aus Dolomit und Evaporit besteht. Die Gesamtfläche der Halbinsel Yucatán ist eine freiliegende, flache und karste Landschaft. Die für die Halbinsel so typischen schachtartigen Kalksteinlöcher werden Cenoten genannt und sind besonders im nördlichen Flachland weitverbreitet.

Der Alvarez-Hypothese nach wurde das Aussterben der Dinosaurier zwischen dem Übergang von der Kreidezeit ins Paläogen vor 65 Mio. Jahren verursacht durch einen Asteroideneinschlag im Karibischen Meer. Der tiefliegende Chicxulub-Krater an der Nordküste der Insel liegt nahe der Stadt Chicxulub. Der heutzutage bekannte "Cenotenring" begrenzt eine der Schockwellen dieses Einschlags in das Gestein, das ca. 65 Mio. Jahre alt ist.

Wasservorkommen

Wegen der extrem karsten Landschaft der Halbinsel finden sich im nördlichen Teil keine Flüsse. An Stellen, an denen es Seen und Sümpfe gibt, ist das Wasser schlammig und nicht genießbar. Da Yucatán eine Halbinsel ist, ist ihre gesamte Unterseite von einer zusammenhängenden dichten grundwasserführenden Schicht, der Süßwasserlinse, bedeckt. Süßwasser ist leichter als Salzwasser, weshalb sich dieses über der salzhaltigen Schicht befindet. Die tausendfach vorhandenen Kalksteinlöcher, die Cenoten, die in der gesamten Region verbreitet sind, bieten Zugang zum Grundwasser und auch die Maya nutzen damals wie heute das in den Cenoten vorhandene Süßwasser.

Vegetation

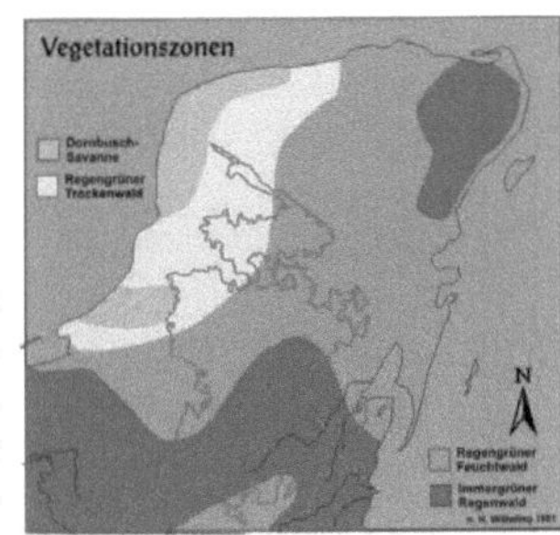

Bewuchs von Yucatán

Tropische Dschungel stellen die vorherrschende Vegetationsart Yucatáns dar. An den Grenzen zu Nordguatemala (El Petén), Mexiko (Campeche und Quintana Roo) und Westbelize stehen die größten zusammenhängenden Gebiete tropischen Regenwalds in Mittelamerika. Diese Wälder sind jedoch durch die extensive Abholzung gefährdet. In Richtung Nordwesten der Halbinsel nimmt der jährliche Niederschlag stark ab, der Bewuchs ist (ohne Berücksichtigung der Kultivierung) Trockenwald und im äußersten Nordwesten eine Savanne und steppenartige Landschaft.

Etymologie

Es wird gesagt, dass der Name Yucatán aus der Mayathan-Sprache, aus den Sätzen "Hör mal, wie Sie reden" oder "Ich verstehe deine Worte nicht", stammt. Wahrscheinlich kam es zu diesem Missverständnis, als die ersten spanischen Forscher die Ureinwohner nach dem Namen der Halbinsel fragten. Die korrekte Herkunft des Wortes Yucatán ist jedoch umstritten. Es wird zum Beispiel auch behauptet, dass das Wort Yokatlān, welches aus dem Aztekischen stammt und "Ort des Reichtums" bedeutet, die Herkunft des Wortes Yucatán bildet.

Einwohner

Die Halbinsel Yucatán besteht zu einem erheblichen Anteil aus dem ehemaligen Maya-Flachland (obwohl die Kultur der Maya sich auch in Richtung Süden ausbreitete, bis zum heutigen Guatemala, nach Honduras und ins Hochland Chiapas). Über die ganze Insel verteilt gibt es archäologische Stätten der Maya, die bekanntesten davon sind Chichén Itzá, Tulum und Uxmal. Die einheimischen Mayastämme und die Mestizen als eine Abstammung der Maya bilden immer noch einen beträchtlichen Anteil der Bevölkerung in der Region, und Mayathan wird noch in vielen Gebieten gesprochen.

Wirtschaft

In den späthistorischen und frühen Jahren der Moderne bestand die Wirtschaft der Einwohner aus Rinderzucht, Abholzung und der Produktion von Chicle und Henequen. Seit dem Rückgang vom Handel mit Chicle und Henequen in den 1970er Jahren, begannen die Yucataner ihre Wirtschaft in Richtung Tourismus umzuorientieren. Das kann man besonders im mexikanischen Staat Quintana Roo erkennen. Cancún, ehemals ein kleines Fischerdorf, das im Nordosten der Halbinsel liegt, entwickelt sich nun zum Positiven hin. Die Riviera Maya erstreckt sich entlang der Ostküste zwischen Cancún und Tulum. Millionen Touristen kommen jedes Jahr in diese Gegend. Die bekanntesten Sehenswürdigkeiten hier sind beispielsweise die ehemalige Fischerstadt Playa del Carmen, die Stadt Campeche, die Freizeitparks Xcaret und Xel-Há und die Ruinen der Maya Tulum und Coba.

Klima

Wie der Großteil der Karibik liegt auch Yucatán im atlantischen Hurrikan-Gürtel, und aufgrund der Ebenheit der Landfläche ist die Insel gefährdet. Die Atlantische Hurrikansaison 2005 wirkte sich negativ auf den Tourismus der Halbinsel aus, denn es wüteten zwei Hurrikans der Stufe 5, Hurrikan Emily und Hurrikan Wilma. Die Atlantische Hurrikansaison 2006 war typisch, denn Yucatán blieb unversehrt, aber in der folgenden Hurrikansaison überquerte Hurrikan Dean die Halbinsel. Es gab jedoch einen vergleichsweise geringen Schaden, der sich auf eine große Flut belief.

Heftige Stürme können das ganze Jahr über auf der Halbinsel auftreten. Obwohl diese Stürme schwere Regenfälle und Winde mit sich bringen, sind sie vorwiegend sehr kurzlebig, und der Sturm flacht nach ca. einer Stunde wieder ab. Der durchschnittliche Prozentanteil an Regentagen im Monat variiert von 7-prozentiger Wahrscheinlichkeit im April bis zu 25-prozentiger Wahrscheinlichkeit im Oktober. Brisen können einen kühlenden Effekt haben; die Luftfeuchtigkeit ist generell hoch, besonders in den Regenwäldern.

Siehe auch

- Yucatán (Bundesstaat)
- Liste der Maya-Ruinen
- Cenotes (Unterwasser-Höhlensystem auf Yucatán)

References

[1] http://toolserver.org/~geohack/geohack.php?pagename=Yucat%C3%A1n_%28Halbinsel%29&language=de¶ms=18.845_N_89.1255555556_W_dim:0_region:MX_type:landmark

Süßwasser

Süßwasser ist das frei verfügbare (also ohne etwa das in Lebewesen gebundene) Wasser, in dem keine oder nur geringste Mengen von Salzen (Salinität von unter 0,1 %) gelöst sind, unabhängig von seinem Aggregatzustand. Der Anteil des Süßwassers am Wasserhaushalt der Erde ist sehr gering, es dominiert das Salzwasser der Ozeane. Süßwasser ist der Lebensraum vieler Lebewesen, ihre Ökologie untersucht die Limnologie.

Ein Süßwassersee

Vorkommen

Der Anteil von Süßwasser am Wasservorkommen der Erde beträgt je nach Schätzung 2,6 bis 3,5 Prozent. Der überwiegende Anteil davon liegt in Form des Eises der Gletscher der beiden Polarregionen und einiger Hochgebirge vor. Daneben findet sich Süßwasser insbesondere in Form von Oberflächenwasser der Bäche, Flüsse, und Seen sowie der Grundwasservorkommen der Erde, insbesondere Sickerwasser durch wasserdurchlässiges Gestein im Gebirge. Wolken und Regen stellen als destilliertes Wasser gleichsam extremes Süßwasser dar.

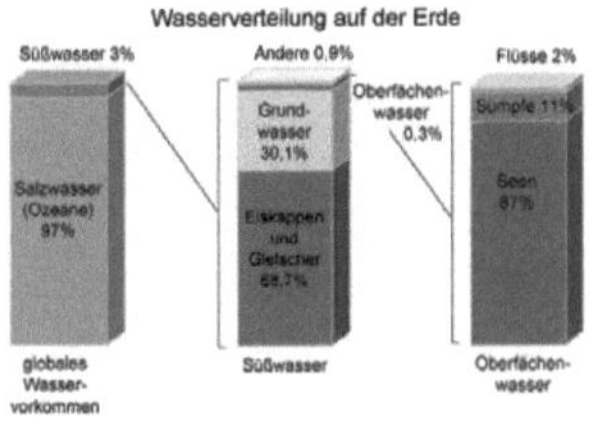

Die globale Wasserverteilung

Nicht berücksichtigt sind die Unterseequellen, aus welchen Süßwasser aus versickerten, dann im Meer wieder auftauchenden Quellen ans Licht kommt. Die Verwertung von Wasser aus diesen Quellen als Süßwasser ist technisch noch nicht möglich, da es mit Meerwasser versetzt ist.

Sonstiges

Von Süßwasser begrifflich zu unterscheiden ist Trinkwasser, welches beispielsweise mithilfe eines öffentlichen Versorgungssystem bereitgestellt wird. Trinkwasser unterliegt einem Regelwerk (DVGW) und einer strengen Kontrolle. In der Seefahrt wird das mitgeführte („gebunkerte") Trinkwasser (in Anlehnung an das englische Wort *freshwater*) als *Frischwasser* bezeichnet.

Die Bezeichnung „Süßwasser" könnte nach neueren Ergebnissen durch einen geschmacksbildenden Mechanismus zustande kommen, bei dem das Wasser Hemmstoffe der Süß-Rezeptoren (z. B. Magnesiumsulfat) hinwegspült und dadurch momentan eine Geschmacksempfindung von Süße auslöst.

Literatur

- Helmut Lehn, Oliver Parodi: *Wasser - elementare und strategische Ressource des 21. Jahrhunderts. I. Eine Bestandsaufnahme.* Umweltwissenschaften und Schadstoff-Forschung 21(3), S. 272 - 281 (2009), ISSN 0934-3504 [1]

Siehe auch

- Destilliertes Wasser
- Brackwasser
- Wasserkreislauf
- Süßwasserfisch
- Das *Internationale Jahr des Süßwassers* wurde 2003 von der UNESCO ausgerufen.

Weblinks

- Kostbares Gut Süßwasser - Zahlreiche Erkrankungen durch Verschmutzungen [2]

References

[1] http://dispatch.opac.d-nb.de/DB=1.1/CMD?ACT=SRCHA&IKT=8&TRM=0934-3504
[2] http://www.3sat.de/nano/astuecke/26614/

Familie_(Biologie)

Die **Familie** (lat. *familia*) ist eine hierarchische Ebene der biologischen Systematik.

Sie steht in der Botanik zwischen den Hauptrangstufen Ordnung und Gattung. Direkt über der Familie kann die **Überfamilie** (lateinisch: **Superfamilia**) stehen, unter ihr die *Unterfamilie* (lateinisch: **Subfamilia**)[1] . In der Zoologie kommt zur speziellen Familien-Rangstufe noch die aus weiteren Rangstufen bestehende Familien-Gruppe[2] .

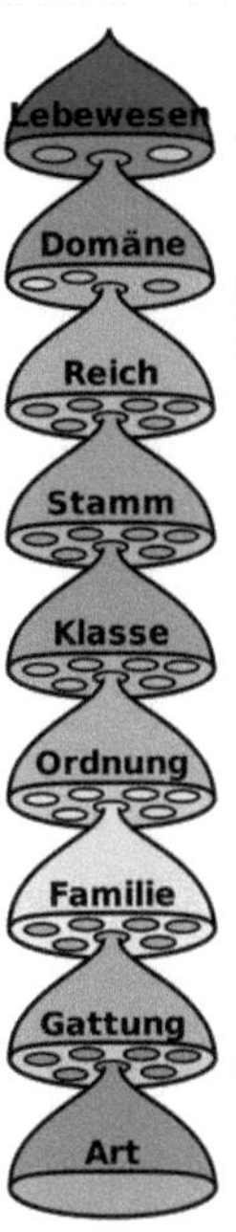

Stellung der Familie innerhalb der biologischen Klassifikation

In der Botanik endet die Familienbezeichnung im Grundsatz auf *-aceae* (zum Beispiel Korbblütler: *Asteraceae*, Liliengewächse *Liliaceae*) und leiten sich vom Gattungsnamen einer festgelegten Typusart ab (z. B. *Aster*, *Lilium*). Historisch waren jedoch auch Benennungen nach morphologischen Besonderheiten üblich. Artikel 18.5 des ICBN legt fest, dass acht abweichende Familiennamen als gültig publiziert anzusehen sind. Palmae/Arecaceae, Gramineae/Poaceae, Cruciferae/Brassicaceae, Leguminosae/Fabaceae, Guttiferae/Clusiaceae, Umbelliferae/Apiaceae, Labiatae/Lamiaceae und Compositae/Asteraceae. In allen anderen Fällen gilt ausschließlich der vom Typus abgeleitete und auf *-aceae* endende Name als gültig[3] .

Der Begriff geht auf Pierre Magnol zurück, der ihn 1689 in die Botanik einführte. Bei Linné und Antoine-Laurent de Jussieu kommt er nicht vor, den entsprechenden Rang nehmen dort die *„Ordines naturales"* (=„Natürliche Ordnungen") ein, erst später setzte sich die Familie durch[4] .

Literatur

[1] Internationaler Code der Botanischen Nomenklatur

[2] Internationaler Code der Zoologischen Nomenklatur

[3] Ann McNeil & R. K. Brummitt (2003). The usage of the alternative names of eight flowering plant families. Taxon, 52 (4): 853-856.

[4] Gerhard Wagenitz: *Wörterbuch der Botanik*, 2. Auflage, 2003/2008, ISBN 3-937872-94-9, S. 110

rue:Родина (біологія)

Alligatoren

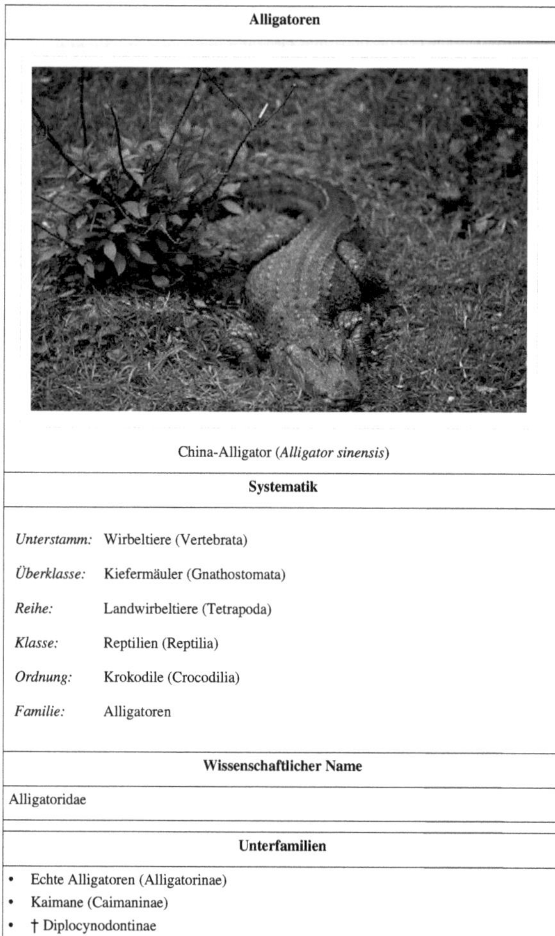

Alligatoren	
China-Alligator (*Alligator sinensis*)	
Systematik	
Unterstamm:	Wirbeltiere (Vertebrata)
Überklasse:	Kiefermäuler (Gnathostomata)
Reihe:	Landwirbeltiere (Tetrapoda)
Klasse:	Reptilien (Reptilia)
Ordnung:	Krokodile (Crocodilia)
Familie:	Alligatoren
Wissenschaftlicher Name	
Alligatoridae	
Unterfamilien	

- Echte Alligatoren (Alligatorinae)
- Kaimane (Caimaninae)
- † Diplocynodontinae

Die **Alligatoren** sind eine Familie der Krokodile. In ihr sind die Echten Alligatoren und die Kaimane zusammengefasst. Ihr Leben und ihr Stoffwechsel verlaufen langsamer als bei ihren Verwandten, den Echten Krokodilen, und auch ihre restliche Entwicklung ist im Vergleich zu diesen stark verlangsamt. Durch diese ruhigere Lebensweise werden sie jedoch doppelt so alt wie ihre Verwandten.

Merkmale und Lebensweise

Alligator mississippiensis Kopf

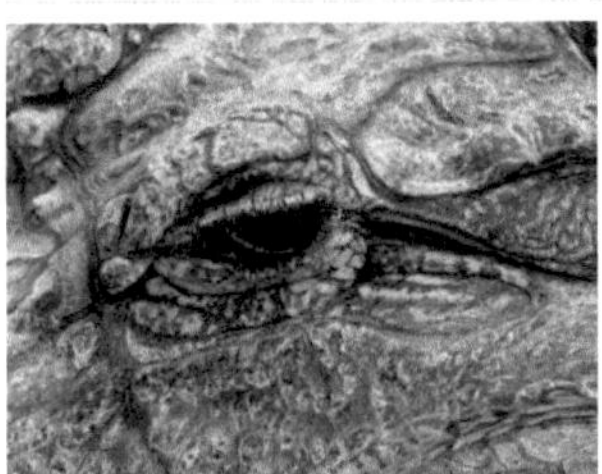

Alligator mississippiensis Auge

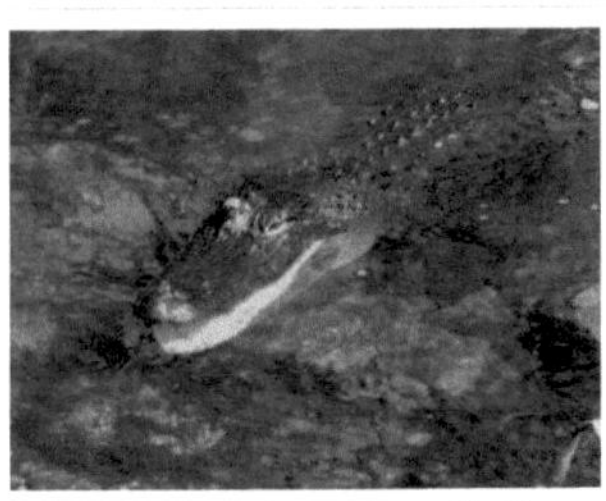

Alligator in den Everglades von Florida

Während der China-Alligator maximal 2,2 Meter lang werden kann, beträgt die Höchstlänge bei den Mississippi-Alligatoren bis zu 6 Meter. Bei den Alligatoren beißen die Unterkieferzähne im Gegensatz zu den Krokodilen nicht gegen die obere Zahnreihe, sie sind vielmehr einwärts gerichtet. Die Zähne des Oberkiefers liegen auf der Außenseite, und nur sie sind bei geschlossenem Maul sichtbar.

Beide leben bevorzugt in Sümpfen und Seen, aber auch in Flüssen und fressen jedes Beutetier, dessen sie habhaft werden können. Die Alligatormutter ist bei ihren bis zu 70 Eiern, die sie auf ein Mal ausbrüten kann, sehr fürsorglich. Sie bewegt sich zehn Wochen lang nur wenige Meter vom Hügel aus Schlamm und Blättern weg, in den sie die Eier gelegt hat. Nachdem die kleinen, ungefähr 20 Zentimeter langen Alligatoren geschlüpft sind, trägt sie die Mutter ans Wasser, wo sie die nächsten Monate zusammen verbringen.

Die natürlichen Lebensräume der Alligatoren sind Amerika (Mississippi-Alligator sowie die amerikanischen Kaimane) und die Volksrepublik China (China-Alligator)

Schilder wie diese sind in Naturparks der USA keine Seltenheit

Gefährdung und Schutz

Der Bestand der Alligatoren war sehr gefährdet, als Taschen und Kleidungsstücke aus Krokodilleder Mode wurden. Alligatoren stehen seitdem sowohl in China als auch in Amerika unter Schutz und mittlerweile wächst vor allem in Nordamerika und Teilen Südamerikas der Bestand bei den meisten Arten wieder stark.

Arten

- **Alligatoren (Alligatoridae)**
  - Unterfamilie: *Alligatorinae*
    - Gattung: Echte Alligatoren (*Alligator*)
      - Mississippi-Alligator (*Alligator mississippiensis*)
      - China-Alligator (*Alligator sinensis*)
  - Unterfamilie: Kaimane (*Caimaninae*)
    - Gattung: *Caiman*
      - Krokodilkaiman (*Caiman crocodylus*)
      - Breitschnauzenkaiman (*Caiman latirostris*)
      - Brillenkaiman (*Caiman yacare*) (Status umstritten)
    - Gattung: *Melanosuchus*
      - Mohrenkaiman (*Melanosuchus niger*)
    - Gattung: *Paleosuchus*
      - Keilkopf-Glattstirnkaiman (*Paleosuchus trigonatus*)
      - Brauen-Glattstirnkaiman (*Paleosuchus palpebrosus*)

Die genauen Verwandtschaftsverhältnisse der Alligatoren untereinander und zu anderen Gruppen innerhalb der Krokodile sind bislang weitgehend ungeklärt, eine akzeptierte Hypothese ist hier wiedergegeben.

Echte Kaimane (*Caiman*)
N.N.
Kaimane (Caimaninae)
Mohrenkaimane (*Melanosuchus*)
Alligatoren (Alligatoridae)
Glattstirnkaimane (*Palaeosuchus*)
Echte Alligatoren (Alligatorinae)

Literatur

- Charles A. Ross (Hrsg.): *Krokodile und Alligatoren – Entwicklung, Biologie und Verbreitung.* Jahr, Hamburg 1994, Orbis, Niedernhausen 2002. ISBN 3-572-01319-4
- Wolfgang Böhme, Martin Sander: *Crocodylia, Krokodile.* in: Wilfried Westheide (Hrsg.): *Spezielle Zoologie.* Teil 2. Wirbel- und Schädeltiere. Fischer, Stuttgart 1996, Spektrum Akademischer Verlag, Heidelberg 2004. ISBN 3-8274-0307-3

Weblinks

- Alligatoridae [1] in The Reptile Database
- Crocodilians - Bilder und Videos (deutsch) [2]

References

[1] http://reptile-database.reptarium.cz/search.php?taxon=Alligatoridae&exact%5B%5D=taxon&submit=Search

[2] http://crocodilians.eu

Gangesgavial

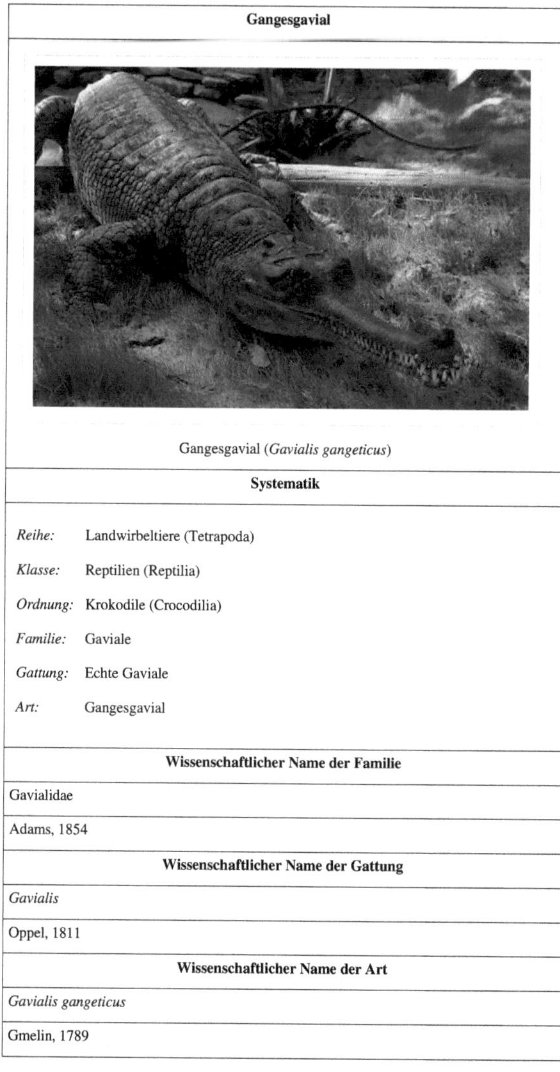

Gangesgavial	
Gangesgavial (*Gavialis gangeticus*)	
Systematik	
Reihe:	Landwirbeltiere (Tetrapoda)
Klasse:	Reptilien (Reptilia)
Ordnung:	Krokodile (Crocodilia)
Familie:	Gaviale
Gattung:	Echte Gaviale
Art:	Gangesgavial
Wissenschaftlicher Name der Familie	
Gavialidae	
Adams, 1854	
Wissenschaftlicher Name der Gattung	
Gavialis	
Oppel, 1811	
Wissenschaftlicher Name der Art	
Gavialis gangeticus	
Gmelin, 1789	

Der **Gangesgavial**, auch **Gharial** oder **Echter Gavial** (*Gavialis gangeticus*), ist der einzige heute noch lebende Vertreter der Gaviale (Gavialidae) innerhalb der Krokodile (Crocodilia). Die heute nur noch in Nepal und im Norden Indiens überlebenden Populationen sind stark bedroht (*critically endangered*) und daher auf der Roten Liste gefährdeter Arten der Weltnaturschutzunion IUCN aufgeführt.[1]

Der in Indonesien und Malaysia beheimatete Sunda-Gavial (*Tomistoma schlegelii*) gehört nicht zur Familie der Gaviale, sondern zu den Echten Krokodilen. Er wird auch als *Falscher Gavial* bezeichnet.[2]

Merkmale

Männlicher Gangesgavial (Gut zu erkennen die Verdickung am Schnauzenende)

Gaviale können bis zu sechs Meter lang werden, aber solch große Individuen sind heute nicht mehr bekannt. Charakteristisch für die Art ist ihre lange, schmale Schnauze, die mit fortschreitendem Alter dicker und im Verhältnis zum Körper kürzer wird. Bei ausgewachsenen männlichen Tieren wächst eine knollenförmige Verdickung auf der Schnauzenspitze, die *Ghara* genannt wird, nach dem indischen Wort für *Topf*. Die männlichen Tiere schnauben durch die darunter liegenden Nasenlöcher ein Zischen aus, das durch diese Verdickung modifiziert und verstärkt wird. Der resultierende Laut kann an einem ruhigen Tag knapp einen Kilometer weit gehört werden. Aufgrund dieser *Ghara* sind Ghariale die einzigen Krokodile, die sichtbar sexuell dimorph sind.[3] Eine Vielzahl von schmalen Zähnen stehen im Ober- und Unterkiefer versetzt zueinander und greifen bei geschlossenem Maul ineinander. Die Färbung der Tiere variiert von einem hellen olivgrün bis zu einem hellbraun, der Rücken und der Schwanz sind mit dunkleren Banden und Flecken gezeichnet. Die Beine sind sehr schmal und eher schwach gebaut, dafür jedoch mit großen Schwimmhäuten besonders an den Hinterbeinen bestückt.

Das Hauptmerkmal der fossilen und rezenten Gaviale ist der Aufbau der Knochen im Schädel. Dabei stoßen, anders als bei den anderen Krokodilen, die Nasenbeine (Nasalia) nicht mit den Prämaxillaren zusammen.

Verbreitung und Habitat

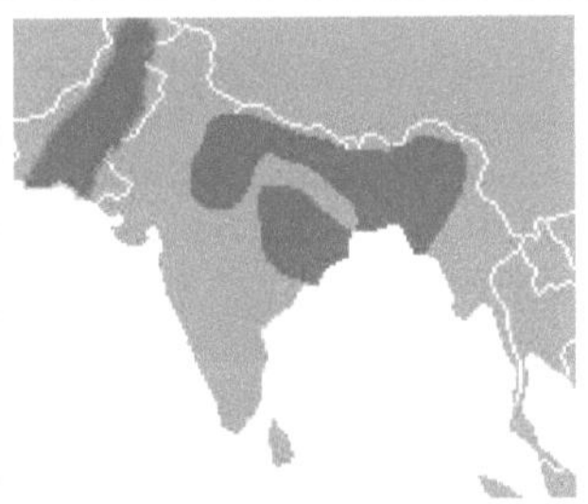

Ehemaliges Verbreitungsgebiet

Einst lebten Ghariale in allen großen Flüssen des nördlichen indischen Subkontinents, vom Indus in Pakistan über die Überschwemmungsebene des Ganges bis hin zum Irrawaddy in Myanmar. Heute überleben sie jedoch nur noch in 2% ihres früheren Verbreitungsgebietes:

- in Indien gibt es kleine Populationen in den Flüssen der Schutzgebiete von *National Chambal Sanctuary*, *Katarniaghat Sanctuary*, *Son River Sanctuary* und im Regenwald-Biom von Mahanadi im *Satkosia Gorge Sanctuary* in Orissa, wo sie sich aber offenbar nicht vermehren;[4]
- in Nepal gibt es kleine Populationen, die sich langsam in den Nebenflüssen des Ganges erholen, wie in den Flusssystemen des Narayani-Rapti im Chitwan Nationalpark und des Karnali-Babai im Bardia Nationalpark.[5] [6]

Im Indus, im Brahmaputra in Bhutan und Bangladesh und im Irrawaddy in Myanmar sind sie ausgestorben.[3]

Ghariale leben sympatrisch mit Sumpfkrokodilen. Im Delta des Irrawaddy lebten sie sympatrisch mit Salzwasserkrokodilen. Während Sumpfkrokodile auch in stillen Altarmen und Teichen vorkommen, sind Ghariale offenbar besser an die tiefen und schnell fließenden Flüsse angepasst, die dem Himalaya entspringen.[7] Zum Sonnenbaden bevorzugen sie große Sandbänke ohne Vegetation und vermeiden grasbewachsene und felsige Ufer.[8] [9]

Lebensweise

Von allen lebenden Krokodilen sind Gaviale am meisten an ihre Umgebung in unmittelbarer Nähe von Wasser gebunden, weil ihre Beine schwach und ungeeignet sind, sich an Land zu bewegen. Dagegen treiben sie sich mithilfe ihrer breiten ruder-artigen Schwänze im Wasser voran und sind in dieser Umgebung ausgesprochen mobil. Sie schleppen sich lediglich aus dem Wasser, um sich auf exponierten Sandbänken zu sonnen, Nester für ihre Gelege zu bauen und Eier zu legen.[10]

Sie ernähren sich vorwiegend von Fisch. Einige ausgewachsene Individuen sind aber auch schon dabei beobachtet worden, als sie Wildenten im Narayani gefressen haben. Im Frühjahr bauen Ghariale gleichzeitig ihre Nester in Sandbänke und legen von März bis April 10 — 60 Eier.[11]

Ihre Schnauze ist wie eine lange Fischreuse ausgebildet. Angriffe auf Menschen sind bislang nicht glaubhaft beschrieben worden. Funde von menschlichen Gebrauchsgegenständen oder Schmuck in ihren Mägen werden häufig als Indizien dafür genutzt, dass sie Menschen anfallen oder die zum Begräbnis den Flüssen übergebenen Leichen fressen, wahrscheinlich nehmen sie die Gegenstände allerdings gemeinsam mit anderen harten Materialien als Magensteine sekundär auf.

Fossilgeschichte und Systematik

Fossile Funde von Gavialen derselben und anderer Gattungen gibt es seit dem Miozän auch aus Nord- und Südamerika, Afrika und anderen Teilen Asiens. Hierzu gehören unter anderem die Arten der Gattung *Rhamphosuchus* aus dem Pliozän Indiens. Die Familie umfasst mit dem Gangesgavial heute nur noch eine Art, alle anderen sind ausgestorben.

Bedrohung

Nach Angaben der IUCN geht der Bestand der Gangesgaviale seit 1946 drastisch zurück. Nach vorsichtigen Schätzungen schrumpfte die Gesamtpopulation in nur 60 Jahren in einer Periode von drei Generationen um 96–98% — von wahrscheinlich 5.000–10.000 Tieren in den 1940ern auf weniger als 200. Von geschätzten 436 Tieren im Jahr 1997 waren im Jahr 2006 nur noch 182 Tiere übrig, was einem Rückgang der Population um 58% in nur neun Jahren entspricht.[1]

Die Ursachen des drastischen Niedergangs der Gangesgaviale sind vielfältig. Gaviale wurden wegen ihrer Häute stark bejagt, ihre Körperteile galten als wertvolle Bestandteile in naturmedizinischen Präparaten, ihre Gelege wurden geräubert, und die Eier als Delikatesse zum menschlichen Verzehr gesammelt. Fischer haben sie aber auch getötet, da sie sie als Konkurrenten um essbare Fische betrachteten. Heute wird die Jagd nicht mehr als eine wesentliche Bedrohung angesehen. Die Anlage von Staudämmen, Bewässerungskanälen, damit zusammenhängende Trockenlegungen und Verschlammungen, aber auch die Änderung und Begradigung von Flussläufen, künstliche Eindeichung und extensive Landwirtschaft, verbunden mit Nutztierhaltung in Flussnähe, führten jedoch zu einem exzessiven und irreversiblen Verlust ihrer natürlichen Lebensräume. Alleine im Flussgebiet des Chambal sind bis zur Jahrtausendwende 276 Bewässerungsprojekte dokumentiert. Diese Bedrohungen nehmen weiter zu und gehen einher mit dem Rückgang weiterer in diesen Biotopen ansässigen Arten wie Gangesdelfin (*Platanista gangetica*), Sumpfkrokodil (*Crocodylus palustris*), Hilsa (*Hilsa illisha*), dem Nationalfisch von Bangladesch, als auch vieler anderer Arten von Fischen und Wasservögeln.[1]

Schutz

Gharial in einem Zoo in Florida

Seit 2007 ist die Art als *Kritisch Gefährdet* in der Roten Liste gefährdeter Arten der IUCN aufgeführt und im Rahmen des Washingtoner Artenschutzübereinkommens im Anhang I geschützt. In Indien und Nepal laufen Schutzprogramme, die das Überleben von Gharialen in ihrem natürlichen Lebensraum zum Ziel haben. Im indischen *National Chambal Sanctuary* in Uttar Pradesh und im *Gharial Breeding Centre* in Nepal's Chitwan-Nationalpark werden Eier ausgebrütet und Ghariale bis zu einem durchschnittlichen Alter von zwei bis drei Jahren aufgezogen. Wenn sie eine Länge von etwa einem Meter erreicht haben, werden sie in geschützte Gebiete ausgesetzt. Aber bisher sind durch diese Freisetzungen nirgends überlebensfähige Populationen wieder aufgebaut worden.[1]

Literatur

- Charles A. Ross (Hrsg.): *Krokodile und Alligatoren - Entwicklung, Biologie und Verbreitung*, Orbis Verlag Niedernhausen 2002
- Trutnau, L (1994): *Krokodile: Alligatoren, Kaimane, Echte Krokodile und Gaviale.* Neue Brehm Bücherei Band 593, Westarp Wissenschaften, Magdeburg.
- Trutnau, L. & R. Sommerlad (2006): *Krokodile. Biologie und Haltung.* Edition Chimaira, Frankfurt am Main.
- Joachim Brock: *Krokodile – Ein Leben mit Panzerechsen*, Natur und Tier Verlag Münster 1998
- Charles A. Ross (Hrsg.): *Krokodile und Alligatoren - Entwicklung, Biologie und Verbreitung*, Orbis Verlag Niedernhausen 2002

Einzelnachweise

[1] Choudhury, B.C., Singh, L.A.K., Rao, R.J., Basu, D., Sharma, R.K., Hussain, S.A., Andrews, H.V., Whitaker, N., Whitaker, R., Lenin, J., Maskey, T., Cadi, A., Rashid, S.M.A., Choudhury, A.A., Dahal, B., Win Ko Ko, U., Thorbjarnarson, J., Ross, J.P. (2007) *Gavialis gangeticus.* In: IUCN 2010. IUCN Red List of Threatened Species. Version 2010.3. online (http://www.iucnredlist.org/apps/redlist/details/8966/0)

[2] Crocodile Specialist Group (2000) *Tomistoma schlegelii.* In: IUCN 2010. IUCN Red List of Threatened Species. Version 2010.3. online (http://www.iucnredlist.org/apps/redlist/details/21981/0)

[3] Whitaker, R., Members of the Gharial Multi-Task Force, Madras Crocodile Bank (2007) The Gharial: Going Extinct Again. Iguana 14(1): 24-33 voller text als pdf (http://www.ircf.org/downloads/Iguana14_1 Gharial Going Extinct Again.pdf)

[4] Bustard, H.R. (1983) *Movement of wild Gharial, Gavialis gangeticus (Gmelin) in the River Mahanadi, Orissa (India).* British Journal of Herpetology, Vol. 6: 287-291

[5] Maskey, T.M., Percival, H.F. (1994) *Status and Conservation of Gharial in Nepal.* Vorgestellt beim 12. Arbeitstreffen der *Crocodile Specialist Group*, Thailand.

[6] Priol, P. (2003) *Gharial field study report.* Ein dem *Department of National Parks and Wildlife Conservation*, Kathmandu, Nepal, vorgelegter Bericht

[7] Rao, R.J., Choudhury, B.C. (1990) *Sympatric distribution of Gharial Gavialis gangeticus and Mugger Crocodylus palustris in India.* Journal of the Bombay Natural History Society, Vol. 89: 313-314

[8] Maskey, T.M., Percival, H.F., Abercrombie, C.L. (1995) *Gharial Habitat Use in Nepal* Journal of Herpetology, Vol. 29, Nr. 3: 463—464

[9] Ballouard, J.-M., Priol, P., Oison, J., Ciliberti, A. and Cadi, A. (2010) *Does reintroduction stabilize the population of the critically endangered gharial (Gavialis gangeticus, Gavialidae) in Chitwan National Park, Nepal?* Aquatic Conservation: Marine and Freshwater Ecosystems, 20: 756–761.

[10] Whitaker, R., Basu, D. (1983) *The gharial (Gavialis gangeticus): A review.* Journal of the Bombay Natural History Society, 79: 531-548.

[11] Maskey, T. M. (1989) Movement and survival of captive reared gharial Gavialis gangeticus in the Narayani River, Nepal. A Dissertation presented to the Graduate School of the University of Florida in partial fulfilment of the requirements for the Degree of Doctor of Philosophy.

Weblinks

- *Gavialis gangeticus* (http://reptile-database.reptarium.cz/search.php?genus=Gavialis&exact[]=genus&species=gangeticus&exact[]=species&submit=Search) in The Reptile Database
- IUCN: *Gavialis gangeticus* (http://www.iucnredlist.org/apps/redlist/details/8966/0)
- *Save Your Logo* Initiative unterstützt: Conservation of Gharial in Nepal (http://www.saveyourlogo.org/en/partners/gharial-in-nepal-gavial-du-gange)
- TAZ: *Ganges-gavial vorm Exitus* (http://taz.de/blogs/reptilienfonds/2006/09/04/ganges-gavial-vorm-exitus/)

Leistenkrokodil

Leistenkrokodil	
 Leistenkrokodil (*Crocodylus porosus*)	
Systematik	
Reihe:	Landwirbeltiere (Tetrapoda)
Klasse:	Reptilien (Reptilia)
Ordnung:	Krokodile (Crocodilia)
Familie:	Echte Krokodile (Crocodylidae)
Gattung:	*Crocodylus*
Art:	Leistenkrokodil
Wissenschaftlicher Name	
Crocodylus porosus	
(Schneider, 1801)	

Das **Leistenkrokodil** (*Crocodylus porosus*), auch *Salzwasserkrokodil* oder *Saltie* genannt, ist das größte heute lebende Krokodil, gefolgt vom Nilkrokodil. Es handelt sich dabei um eine Art der Echten Krokodile (Crocodylidae). Das Leistenkrokodil ist die am weitesten in den Ozean vordringende Krokodilart, ist aber auch oft in Brackwasser, Flüssen und Sümpfen im Inland zu finden. Leistenkrokodile sind die einzigen Krokodile, die im Salz- und Süßwasser leben.

Merkmale

Männliche Leistenkrokodile erreichen meist eine Länge von 4,6-5,2 m, die Weibchen bleiben mit 3,1-3,4 m deutlich kleiner.[1] Insbesondere in durch menschlichen Einfluss angeschlagenen Populationen sind solche Maße bereits selten: Im Bentota Ganga (Sri Lanka) beobachtete Gramentz (2008) von 16 Exemplaren nur ein Exemplar von mehr als 2,5 m Länge.[2] Oft werden für Leistenkrokodile Maximallängen deutlich über diesen Maßen genannt; praktisch sind jedoch fast nie Körperteile solcher Krokodile als Beweise überliefert. Angeblich erlegte ein Jäger in den 1950er Jahren ein Krokodil, das 8,5 m maß. Webb & Manolis (1989) halten diesen Rekord für die verlässlichste

Rekordlänge.[1] 4 m lange Leistenkrokodile wiegen im Schnitt 240 kg,[1] extrem große Exemplare können rund 1 t wiegen.[3]

Der Körper ist sehr breit mit einer großen und breit ausgebildeten Schnauze, wodurch man es von dem Gangesgavial und dem Australien-Krokodil gut unterscheiden kann. Von den Augen ziehen sich schräg über die Schnauze zwei erhabene Grate, von denen auch der Name kommt. Die ausgewachsenen Tiere sind grau bis graubraun oder goldbraun, es sind jedoch auch völlig schwarze (Melanismus) und weiße (Albinismus) Tiere bekannt. Die Jungtiere sind heller und besitzen eine dunkle Zeichnung aus Flecken und Querbändern, die viele Tiere im Laufe des Alterns verlieren. Die Panzerung des Rückens ist sehr gleichmäßig und die Form der Einzelschuppen ist oval. Eine Panzerung direkt hinter dem Kopf fehlt. An Bauch und Schnauze besitzen sie Sinneszellen, mit denen Vibrationen des Wassers wahrgenommen werden können.

Detailansichten:

Verbreitung

Das Verbreitungsgebiet ist sehr groß. Es reicht von Ostindien über Südostasien bis nach Nordaustralien und umfasst die gesamte ozeanische Inselwelt. Der genaue Umfang dieser Verbreitung ist noch nicht abschließend geklärt, selbst auf den Palauinseln, den Kokosinseln, den Neuen Hebriden und auf Fidschi wurden diese Krokodile gesichtet. Damit ist es das Krokodil mit dem größten Verbreitungsgebiet überhaupt. Mit verantwortlich dafür ist sicher die „Reichweite" der Art: es wurden Exemplare 1.000 km vom Land entfernt auf hoher See gesehen. Ein Männchen der Spezies legte 1.400 km von Palau bis nach Pohnpei in Mikronesien zurück. An manchen Vertretern dieser Art wurden sogar Seepocken gefunden, die ansonsten nur bei pelagischen Meerestieren gefunden werden.

Verbreitung

Der eigentliche Lebensraum des Leistenkrokodils sind Flussmündungen und Mangrovensümpfe. Dabei handelt es sich meist um Brackwasserzonen, es dringt jedoch auch weit in Süßwasserflüsse ein und kann auch in großen Seen und Sümpfen des Inlandes angetroffen werden.

Lebensweise

Ernährung

Junge Leistenkrokodile ernähren sich vor allem von Insekten und kleinen Amphibien. Mit zunehmender Körpergröße werden vor allem Fische und Wasserschildkröten, aber auch Säugetiere und Vögel aller Art gefressen. Möglicherweise werden auch noch andere kleinere Krokodile wie das Siam-Krokodil erbeutet. Kannibalismus dagegen kommt öfter vor: Bei einer Leistenkrokodilpopulation nahe Darwin wurde beobachtet, wie sich die Population zunächst erholte, als die Jagd auf sie eingestellt wurde. Im zweiten Jahr sank die Population wieder, da die Jungtiere des ersten Jahres anfingen, die neue Generation zu fressen.

Jagdmethoden

Leistenkrokodile verwenden mehrere Methoden, um ihre Beute zu erlegen:

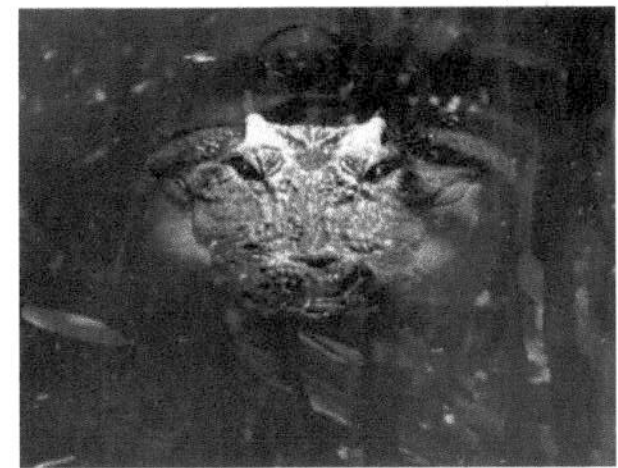
Leistenkrokodil in Hartleys Creek Crocodile Farm nahe Ellis Beach/Cairns, Australien

- Sie schnellen aus dem Wasser, packen ihre Beute und ertränken sie.
- Wenn es ein wehrhafteres Tier ist, packen sie es und drehen sich um ihre eigene Achse, um die Beute von den Beinen zu reißen.
- Wenn es ebenfalls große Beute ist, können sie dem Tier mit Schlägen des Schädels Knochen brechen und es dann leicht ins Wasser ziehen.
- Wenn sie Fische jagen, schwimmen sie längsseits auf das Ufer zu, treiben die Fische so in die Enge und lassen nur zwischen Maul und Ufer eine Lücke. Wenn die Fische dort vorbeischwimmen, schnappen sie zu.
- Wenn Büffel o. ä. einen Fluss durchqueren, packen mehrere Krokodile gleichzeitig zu und ertränken das Opfer.[4]

Stoffwechsel

Es existieren Berichte darüber, dass Leistenkrokodile bis zu einem Jahr ohne Nahrung leben können und sich dabei anscheinend nur von den Fettreserven in ihrem Schwanz versorgen. Dies – wie auch ihre Ausdauer beim Durchqueren der Ozeane – verdanken sie ihrem extrem regulierbaren Stoffwechsel. Benötigen Säugetiere bis zu 80 % ihrer Nahrung zur Aufrechterhaltung ihrer Körpertemperatur, so kommen Krokodile mit zehn Prozent aus. Dabei können Leistenkrokodile ihren Puls auf zwei Herzschläge in drei Minuten senken. Auf diese Weise können sie bis zu einer Stunde tauchen oder 12 Monate ohne Nahrung auskommen. Durch diesen Stoffwechsel können sie auch über 70 Jahre alt werden.

Fortpflanzung

Leistenkrokodil auf einem Strand nahe Darwin

Die Weibchen des Leistenkrokodils werden mit 10 Jahren geschlechtsreif, während Männchen im Alter von etwa 16 Jahren die Geschlechtsreife erreichen. Zu Anfang der Paarungszeit brüllen die Männchen, um Weibchen anzulocken, machen dies aber nicht so oft wie der Mississippi-Alligator, da sie in offener Landschaft leben. Das Territorialverhalten der Männchen steigt in dieser Zeit. Nach der Paarung verteidigt das Männchen das Revier weiterhin stark. Zur Fortpflanzungszeit in der feuchten Jahreszeit wird ein Hügelnest aus Pflanzenmaterialien gebaut, das eine Höhe von 30 bis 80 Zentimeter und einen Durchmesser von 120 bis 250 Zentimeter haben kann. Ein solches Nest umfasst 60 bis 80 Eier und wird bis zum Schlupf der Jungen bewacht. Durch die verrottenden Pflanzen entsteht Fäulniswärme, die das Ausbrüten der Eier beschleunigt.[5] Häufig wurde eine Brutfürsorge von bis zu drei Monaten beobachtet. Wenn die Jungen geschlüpft sind, wachen die Krokodile acht Wochen über ihre Brut, die mit nahezu 70 % Überlebenschance ebenfalls eine Ausnahme darstellt.

Natürliche Feinde

Jungtiere haben viele Feinde, zum Beispiel Störche, Greifvögel, große Fische und größere Artgenossen. Wenn Leistenkrokodile ausgewachsen sind, haben sie kaum noch natürliche Feinde. Manchmal werden kleine bis mittelgroße Krokodile von großen Pythons oder Tigern erbeutet.

Mensch und Krokodil

Im nördlichen Australien kommt es regelmäßig zu Angriffen von Leistenkrokodilen auf Menschen. So wurde zum Beispiel 2002 eine deutsche Touristin beim Baden im Kakadu-Nationalpark getötet. Durchschnittlich kommt es etwa zweimal pro Jahr zu einem belegten Krokodilangriff. Zwischen 1971 und 2004 wurden 62 unprovozierte Angriffe registriert, die in 17 Fällen tödlich verliefen.[6] Um solche Attacken zu vermeiden, werden Leistenkrokodile von Wildhütern an Badeplätzen eingefangen und fortgebracht. Zudem wird versucht, Badestrände mit Netzen zu schützen. Besondere aggressive Krokodile, die mehrfach angreifen, werden als *„rogue crocodiles“* („Schurken-Krokodile“) bezeichnet; das wohl bekannteste *„rogue crocodile“* war Sweetheart, welches nie in einen Todesfall verwickelt war, aber zwischen 1971 und 1979 15 Fischerboote schwer beschädigte.

Ein Leistenkrokodil im Sprung

Der Bestand verringerte sich in den 1950er und 1960er Jahren, weil ihre Haut für die Lederproduktion geeignet ist und sie deswegen stark bejagt wurden.[7] Vor 20 Jahren erholte sich der Bestand wieder, da sie ihren Lebensraum weitgehend unberührt wieder aufgefunden haben.[8] Seit Leistenkrokodile durch das Washingtoner Artenschutzabkommen von 1973 geschützt sind, werden sie in Farmen für die Lederproduktion gezüchtet; das Fleisch wird in Australien als Nahrungsmittel verkauft.

Als Touristenattraktion dienen sie unter anderem am Adelaide River nahe Darwin im australischen Northern Territory: Von einem großen Boot aus werden Fleischstücke an einer Angel über das Wasser gehalten: Die Leistenkrokodile (*Jumping Crocodiles*) springen dann bis zu einigen Metern Höhe aus dem Wasser und schnappen sich die Fleischbrocken (siehe Foto). Weltweit bekannt wurden die Leistenkrokodile durch die Filme der Crocodile-Dundee-Serie.

In Osttimor wird das Leistenkrokodil als „Großvater Krokodil“ verehrt. Ursprung dafür ist die Legende des guten Krokodils, nach der die Insel Timor aus einem Krokodil entstanden ist. Hier kam es allein von 2007 bis Ende 2008 zu drei Krokodilangriffen mit zwei Toten und zwei Verletzten.[9]

Warnschild im Northern Territory/Australien

Verkehrsschild in Dili/Osttimor

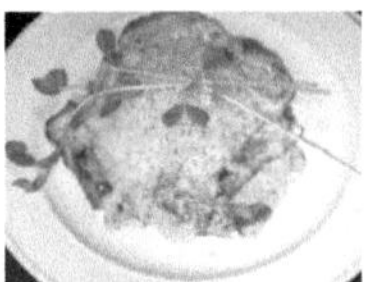

Krokodil als Lebensmittel

Literatur

- Joachim Brock: *Krokodile. Ein Leben mit den Panzerechsen*, (Terrarien-Bibliothek), Natur-&-Tier-Verlag, Münster, 1998, ISBN 3-931587-11-8
- Charles A. Ross (Hrsg.): *Krokodile und Alligatoren. Entwicklung, Biologie und Verbreitung*, Orbis Verlag, Niedernhausen/Ts. 2002, ISBN 3-572-01319-4
- G. Webb & C. Manolis (1989): *Australian Crocodiles - A Natural History*. Reed New Holland, Sydney, Auckland, London & Kapstadt 2007 (Nachdruck der Originalauflage von 1989). ISBN 9781876334260

Einzelnachweise

[1] Webb & Manolis (1989): 65

[2] D. Gramentz (2008): *Zur Abundanz, räumlichen Verteilung und Bedrohung von Crocodylus porusus im Bentota Ganga, Sri Lanka*. Elaphe 16(3): 41-52

[3] G. Webb & C. Manolis (2009): *Crocodiles of Australia*: 9. New Holland Publishers (Australia). ISBN 9781741108484

[4] Charles A. Ross: *Krokodile und Alligatoren. Entwicklung, Biologie und Verbreitung*. S. 175–177

[5] *Tierenzyklopädie* (http://www.tierenzyklopaedie.de/tiere/leistenkrokodil.html)

[6] David G. E. Caldicott u. a.: *Crocodile Attack in Australia: An Analysis of Its Incidence and Review of the Pathology and Management of Crocodilian Attacks in General* (http://www.wemjournal.org/wmsonline/?request=get-document&issn=1080-6032&volume=016&issue=03&page=0143) In: *Wilderness and Environmental Medicine*, Vol. 16, No. 3, Seite 143–159.

[7] Tierenzyklopädie (http://www.tierenzyklopaedie.de/tiere/leistenkrokodil.html)

[8] Reinhard Radke *Krokodile. Expedition zu den Erben der Saurier*

[9] United Natons Integrated Mission in Timor-Leste, 17. September 2008, CROCODILE THREAT IN TIMOR-LESTE (http://the-dili-insider.googlegroups.com/web/Crocodile+Assessment+-+17+Sep+08.pdf?hl=en&gda=2q3a01YAAADHs1GalD6hQPtQbCv82q-TjPGKgkSXGi-aqIvk6AGVfHJ-Kw1YobIBc38k5cnwcTh8qUUILewBDECG7R96r9aIuKs5kcsO6REWGyCG0
gsc=pddXwgsAAAB7s8M_C9__hdLrer2DszkL)

Weblinks

- *Crocodylus porosus* (http://www.iucnredlist.org/apps/redlist/details/5668/0) in der Roten Liste gefährdeter Arten der IUCN 2006. Eingestellt von: Crocodile Specialist Group, 1996. Abgerufen am 9. Mai 2006
- *Crocodylus porosus* (http://reptile-database.reptarium.cz/search.php?genus=Crocodylus&exact[]=genus&species=porosus&exact[]=species&submit=Search) in The Reptile Database

Nilkrokodil

Nilkrokodil	
 Nilkrokodile (*Crocodylus niloticus*)	
Systematik	
Reihe:	Landwirbeltiere (Tetrapoda)
Klasse:	Reptilien (Reptilia)
Ordnung:	Krokodile (Crocodilia)
Familie:	Echte Krokodile (Crocodylidae)
Gattung:	*Crocodylus*
Art:	Nilkrokodil
Wissenschaftlicher Name	
Crocodylus niloticus	
(Laurenti, 1768)	

Das **Nilkrokodil** (*Crocodylus niloticus*) ist eine Art der Krokodile (Crocodilia) aus der Familie der Echten Krokodile (Crocodylidae). Die normalerweise 3-4 m lang werdende Art bewohnt Gewässer in ganz Afrika und ernährt sich größtenteils von Fischen. Gelegentlich können Nilkrokodile jedoch auch große Säugetiere (z.B. Zebras) unter Wasser zerren und ertränken. Das Nilkrokodil betreibt intensive Brutpflege, die Mutter bewacht ihr Nest und beschützt die Jungtiere in den ersten Lebensmonaten. Die Art nahm eine wichtige Rolle in der ägyptischen Mythologie ein und war einst wegen starker Bejagung gefährdet. Nachdem die Jagd in den 1980ern verboten wurde, haben sich die Bestände weitgehend erholt.

Merkmale

Das Nilkrokodil ist das größte Krokodil Afrikas und erreicht normalerweise Längen von 3 bis 4 m.[1] Sehr selten werden über 6 m Länge erreicht, als Maximum gelten 6,5 m. Die Schnauze ist 2 mal so lang wie an der Basis breit.Der Ruderschwanz ist kräftig und seitlich abgeflacht. Erwachsene Nilkrokodile sind oberseits dunkel-olivfarben, der Bauch ist einheitlich porzellanfarben. Die Jungtiere sind hell olivfarben und dunkel gefleckt und gebändert. Die Färbung der Krokodile wird stark von den im Wasser gelösten Stoffen beeinflusst.

Verbreitung, Lebensraum und Unterarten

Das Nilkrokodil bewohnt nahezu ganz Afrika inklusive Madagaskar, fehlt aber im äußersten Südwesten Afrikas, in der Sahara und im Osten Madagaskars. Früher bewohnte es auch den Nil auf der gesamten Länge, findet sich heute aber nur noch im Oberlauf bis Assuan. Die Art bewohnt zahlreiche Lebensräume, so etwa Flüsse, Teiche, Seen, Sümpfe und Mangroven.

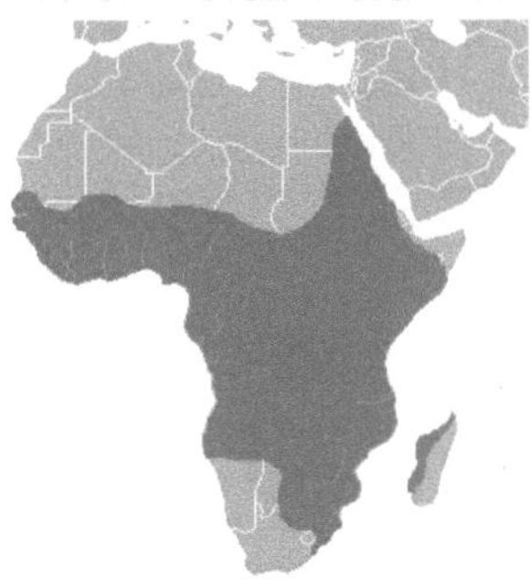
Verbreitung des Nilkrokodils

Es werden aktuell 7 geografische Unterarten unterschieden, für die teilweise der Artstatus diskutiert wird:[2]

- *Crocodylus niloticus africanus*: Südliches Tansania, Sambia, Malawi, Mosambik, östliches Namibia.
- *C. n. chamses*: Äquatorialguinea, Gabun, Republik Kongo, Zaire, südlicher Sudan, Uganda, Ruanda, westliches Tansania, nördliches Sambia, Angola, nördliches Namibia.
- *C. n. cowiei*: Simbabwe, Botswana, Südafrika.
- *C. n. madagascariensis*: Madagaskar.
- *C. n. niloticus*: Südliches Ägypten, Sudan, westliches Äthiopien.
- *C. n. pauciscutatus*: Östliches bis südliches Äthiopien, Somalia, Kenia.
- *C. n. suchus*: Südliches Mauretanien, Senegal, Gambia, Guinea-Bissau, Guinea, Sierra Leone, Liberia, Elfenbeinküste, Ghana, Togo , Benin, Nigeria, Kamerun, Burkina Faso, Mali, Niger, Tschad, Zentralafrikanische Republik.

Die Unterarten werden anhand ihrer Pholidose unterschieden.

In historischer Zeit kam das Nilkrokodil auch in Algerien, Israel und den Komoren vor [3] .

Lebensweise

Aktivität

Tagsüber sonnen sich Nilkrokodile meist am Ufer, nachts gehen die Krokodile ins Wasser. An den großen afrikanischen Flüssen, die nicht saisonal austrocknen, sind Nilkrokodile das ganze Jahr über aktiv. In saisonal austrocknenden, kleineren Gewässern lebende Krokodile bleiben wesentlich kleiner (2,4-2,7 m) als Krokodile in permanenten Gewässern. Sie verbringen die Trockenzeit in 9-12 m langen Erdhöhlen, die in einer Kammer mit einigen Luftlöchern enden. In einer solchen Kammer überdauern bis zu 15 Krokodile die Trockenheit.

Ernährung

Nilkrokodile gehen nachts ins Wasser, um zu jagen, und sind generalistische Fleischfresser. Der Hauptbestandteil der Nahrung adulter Nilkrokodile ist Fisch; im Rudolfsee im Norden Kenias macht er 90%,[2] im Okavango-Delta von Botswana bei subadulten Exemplaren 68% der Nahrung aus.[4] Weitere Beutetiere sind Vögel, Schildkröten und kleine Säuger.[1] Große Nilkrokodile können auch Großsäuger erjagen. Sie lauern der Beute meist unter der Oberflächen von Flüssen oder Wasserstellen auf, an denen die Tiere zum Trinken eintreffen, und bleiben durch das flache Profil des Kopfes und die nahezu geräuschlose Fortbewegung unbemerkt. Das Opfer wird dann angesprungen, im Sprung gepackt, ins Wasser gezerrt und ertränkt. Unter anderem wurde von Zebras, Antilopen, Stachelschweinen, jungen Flusspferden und auch anderen Raubtieren wie Hyänen oder Löwen berichtet, die von Nilkrokodilen erbeutet wurden.[1] Aas gehört ebenfalls zur Nahrung des Nilkrokodils.

Junge Nilkrokodile ernähren sich von deutlich kleineren Beutetieren. Einjährige Nilkrokodile im Okavango-Delta ernähren sich zu 45,6% von Insekten und Spinnen, zu 30,8% von kleinen Säugern und nur zu 11,6% von Fischen. Ebenfalls zum Nahrungsspektrum junger Krokodile gehören Amphibien und Reptilien, welche jedoch vergleichsweise selten erjagt werden.[4]

Sozialverhalten und Fortpflanzung

Nilkrokodil-Weibchen sind nicht territorial. Die Männchen bilden Reviere und verteidigen einen Uferabschnitt hartnäckig gegen andere Männchen. Sie schwimmen regelmäßig die Grenzen ihres Territoriums ab, und vertreiben Eindringlinge. Gelegentlich kommt es zu Kämpfen.[5]

Nilkrokodil

Die Paarungszeit ist innerhalb des großen Verbreitungsgebiets sehr variabel. Wenn ein Männchen ein Weibchen trifft, hebt es seinen Schwanz und Kopf an und brüllt. Es schwimmt dem Weibchen entgegen, welches schließlich ebenfalls seinen Kopf anhebt und brüllt. Das Männchen legt zur Paarung seine Vorbeine auf das Weibchen und steigt von der Seite auf ihren Rücken. Nach 5 Monaten legt das Weibchen dann 16-80 Eier, die 85-125 g wiegen. Der Zeitpunkt der Eiablage ist ebenso wie die Paarungszeit höchst variabel. In Tansania werden die Eier zum Beispiel im November gelegt, am Victoria-Nil und Albertsee Ende Dezember bis Anfang Januar, am Ruzizi zwischen April und August und auf Madagaskar von September bis Oktober. Das Weibchen gräbt mit ihren Hinterbeinen etwa 5-10 m vom Wasser entfernt ein 35-40 cm tiefes Erdloch, in welches die Eier gelegt werden. Das Loch wird anschließend zugedeckt und zusätzlich ein Nisthügel aus Substrat und Pflanzenresten aufgeschüttet. Während der Inkubation bewacht das Weibchen sein Nest vor Nesträubern wie etwa dem Nilwaran (*Varanus niloticus*), an den die Krokodile dennoch oft Eier verlieren. Nach 84-89 Tagen kündigen die Jungtiere in den Eiern mit froschartigen Lauten ihren Schlupf an. Das Weibchen gräbt dann das Nest wieder aus, und trägt die Schlüpflinge in ihrem Maul ins Wasser. In den ersten Lebensmonaten bleiben die Jungtiere immer dicht bei ihrer Mutter, die sie bewacht. Auf sich nähernde Feinde macht die Mutter durch starke Körpervibrationen aufmerksam, worauf die Jungtiere sofort abtauchen. Jungtiere, die von der Gruppe abgesondert wurden oder angegriffen werden, stoßen einen Hilferuf aus, worauf das Weibchen sofort zum Jungtier eilt, um es zu verteidigen. Die Nacht verbringen die Jungtiere auf dem Rücken ihrer Mutter. Dennoch werden in den ersten Wochen oft mehr als 50% der Jungtiere Opfer von Krabben, großen Fischen, Nilwaranen, Reihern, Störchen, Hyänen und Mungos.

Nilkrokodile und Menschen

Gefährdung

Darstellung des ägyptischen Krokodilgotts Sobek in den Anlagen von Kom Ombo

In der ersten Hälfte des 20. Jahrhunderts waren Nilkrokodile in ganz Afrika sehr häufig. In den folgenden Jahrzehnten sank der Bestand drastisch, da sie wegen ihrer Haut stark bejagt wurden. Krokodilleder wird zu zahlreichen Produkten wie Handtasche, Gürteln etc. verarbeitet. Zusätzlichen Anreiz zur Jagd gaben Abschussprämien auf die Krokodile, da sie als Bedrohung für die Bevölkerung gesehen wurden. In den 1980er Jahren ging die Jagd aufgrund von Verboten zurück und Krokodilfarmen können heute den Bedarf der Lederindustrie decken. Auf diesen Farmen ist das Nilkrokodil eine der am häufigsten gehaltenen Arten.

Die Rote Liste gefährdeter Arten der IUCN führte das Nilkrokodil bis 1996 als gefährdet (*vulnerable*) ein, heute gilt die Art als nicht bedroht (*least concern*).[6]

Kulturelle Bezüge

Siehe Krokodile im alten Ägypten.

Angriffe auf Menschen

Große Nilkrokodile können Menschen angreifen, die sich unvorsichtig in Krokodilgewässer begeben; Angriffe sind jedoch durch die enormen Bestandseinbrüche im 20. Jahrhundert weit seltener als früher geworden. Die meisten Zwischenfälle sind auf Übermut oder Unaufmerksamkeit der Opfer zurückzuführen. Aufgrund seiner weiten Verbreitung ist das Nilkrokodil wohl das für die meisten Todesfälle verantwortliche Krokodil; die jährliche Anzahl von Toten wird auf 300-400 geschätzt.[7]

In letzter Zeit ergeben sich verstärkt Konflikte zwischen Krokodilen und ansässigen Menschen, da einerseits die Bevölkerung rapide zunimmt, andererseits sich auch die Bestände der Krokodile erholen. Ebenso beklagt die lokale Bevölkerung, dass verstärkt Vieh gerissen wird und Fischernetze immer häufiger von Krokodilen beschädigt werden. Diese Konflikte könnten Schutzmaßnahmen für Krokodile und die Ökosysteme als Ganzes untergraben.[8]

Quellen

- L. Trutnau & R. Sommerlad (2006): *Krokodile. Biologie und Haltung*. Edition Chimaira, Frankfurt am Main. ISBN 3-930612-96-8

[1] M. Rogner (1994): *Echsen 2*, S. 240. Eugen Ulmer Verlag. ISBN 3-8001-7253-4

[2] Trutnau & Sommerlad (2006)

[3] Crocodile Specialist Group, Richard A. Fergusson: *Crocodylus niloticus* (Nile Crocodile) online (http://www.iucncsg.org/ph1/modules/Publications/ActionPlan3/ap2010_15.html)

[4] K. M. Wallace & A. J. Leslie (2008): *Diet of the Nile Crocodile (Crocodylus niloticus) in the Okavango Delta, Botswana.* Journal of Herpetology 42(2), S. 361-368

[5] Bernhard Grzimek (1979 Hrsg.): *Grzimeks Tierleben Kriechtiere*, S. 136. Bechtermünz Verlag, Augsburg 2000 (Unveränderter Nachdruck der dtv-Ausgabe von 1979). ISBN 3-8289-1603-1

[6] *Crocodylus niloticus* (http://www.iucnredlist.org/apps/redlist/details/46590/0) in der Roten Liste gefährdeter Arten der IUCN 2010. Eingestellt von: Crocodile Specialist Group, 1996. Abgerufen am 16. Januar 2011

[7] G. Webb & C. Manolis (1989): *Australian Crocodiles - A Natural History*, S. 41. Reed New Holland, Sydney, Auckland, London & Kapstadt 2007 (Nachdruck der Originalauflage von 1989). ISBN 9781876334260
[8] P. Aust et al (2009): *The Impact of Nile Crocodiles on Rural Livelihoods in Northeastern Namibia.* South African Journal of Wildlife Research 39(1), S. 57-69

Weblinks

- *Crocodylus niloticus* (http://reptile-database.reptarium.cz/search.php?genus=Crocodylus&exact[]=genus&species=niloticus&exact[]=species&submit=Search) in The Reptile Database

Kubakrokodil

Kubakrokodil	
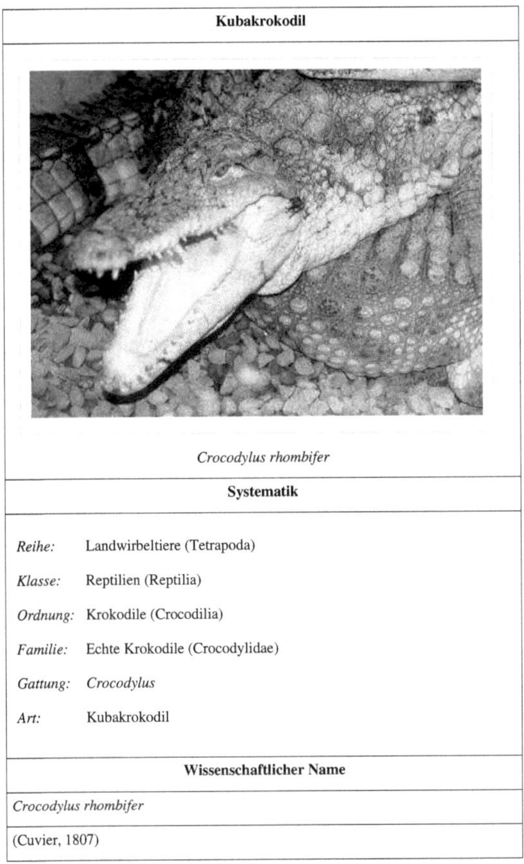 *Crocodylus rhombifer*	
Systematik	
Reihe:	Landwirbeltiere (Tetrapoda)
Klasse:	Reptilien (Reptilia)
Ordnung:	Krokodile (Crocodilia)
Familie:	Echte Krokodile (Crocodylidae)
Gattung:	*Crocodylus*
Art:	Kubakrokodil
Wissenschaftlicher Name	
Crocodylus rhombifer	
(Cuvier, 1807)	

Das **Kuba-** oder **Rautenkrokodil** (*Crocodylus rhombifer*) ist ein Vertreter aus der Familie der Echten Krokodile, der als Endemit auf der Karibikinsel Kuba lebt. Es gilt als eine der aggressivsten Arten überhaupt.

Merkmale

Das Kubakrokodil erreicht eine maximale Körperlänge von etwa 3,50 Metern, soll jedoch nach Berichten aus dem 19. Jahrhundert auch bis zu fünf Metern lang werden. Die Schnauze dieser Art weist sowohl im Bereich der Nasenlöcher als auch an den Augen eine Wölbung auf, die diese sehr kurz wirken lassen. Hinter den Augen besitzen die Tiere charakteristische Vorsprünge, die ein wenig an Hörner erinnern. Die Färbung der Jungtiere ist ein sattes Goldbraun mit einer schwarzen Zeichnung aus Flecken und Querbändern, die erwachsenen Tiere sind dunkelgrau bis schwarz und haben goldgelbe Flecken.

Verbreitung

Als Endemit ist das Verbreitungsgebiet der Kubakrokodile auf die Insel Kuba beschränkt. Hier findet man sie nur noch im Gebiet der Sümpfe der Zapata-Halbinsel sowie auf der Isla de la Juventud. Bis in das 19. Jahrhundert waren sie weiter verbreitet und man konnte sie auch südlich der Hauptstadt Havanna und in der Umgebung von Pinar del Río antreffen. Außerdem wurden Fossilien auf Grand Cayman gefunden.

Verbreitung

Lebensweise

Über die Biologie der Kubakrokodile ist nur sehr wenig bekannt. Wie die Spitzkrokodile (*Crocodylus acutus*) legen auch sie Grubennester an. Sie ernähren sich von Fischen, Schildkröten und kleinen Säugetieren. Das Kubakrokodil geht öfter im Hochgang als andere Krokodile und hat auch kräftigere Beine. Fossilien von kubanischen Riesenfaultieren zeigen außerdem Bissmarken von Kubakrokodilen. Das weist darauf hin, dass dieses Krokodil durch seine starken Beine und frühere Größe fähig war, größere Beute an Land zu jagen.

Literatur

- Charles A. Ross (Hrsg.): *Krokodile und Alligatoren - Entwicklung, Biologie und Verbreitung*, Orbis Verlag Niedernhausen 2002
- Joachim Brock: *Krokodile - Ein Leben mit Panzerechsen*, Natur und Tier Verlag Münster 1998

Weblinks

- *Crocodylus rhombifer* [1] in The Reptile Database

References

[1] http://reptile-database.reptarium.cz/search.php?genus=Crocodylus&exact%5B%5D=genus&species=rhombifer&exact%5B%5D=species&submit=Search

Orinoko-Krokodil

Orinoko-Krokodil	
 Orinoko-Krokodil (*Crocodylus intermedius*)	
Systematik	
Reihe:	Landwirbeltiere (Tetrapoda)
Klasse:	Reptilien (Reptilia)
Ordnung:	Krokodile (Crocodilia)
Familie:	Echte Krokodile (Crocodylidae)
Gattung:	*Crocodylus*
Art:	Orinoko-Krokodil
Wissenschaftlicher Name	
Crocodylus intermedius	
Graves, 1819	

Das **Orinoko-Krokodil** (*Crocodylus intermedius*) ist eine Art der Echten Krokodile (Crocodylidae).

Merkmale

Das Orinoko-Krokodil gehört zu den großen Krokodilarten und kann wahrscheinlich eine Körperlänge von sechs Metern oder mehr erreichen. Es ist hell- bis olivbraun gefärbt und besitzt eine leicht dunklere Zeichnung aus Querbändern am Schwanz. Vom Spitzkrokodil (*Crocodylus acutus*), welches in einigen Gegenden sympatrisch mit ihm auftritt, unterscheidet es sich vor allem durch die spitzere und schmale Schnauze sowie die symmetrisch angeordneten Schuppen auf dem Rückenpanzer.

Verbreitung

Verbreitung

Der Lebensraum des Orinoko-Krokodils liegt vermutlich vor allem im Bereich der größeren Flüsse im Süßwasserbereich des Orinoko in Kolumbien und Venezuela. Genauere Angaben werden durch die starke Verwechslungsgefahr mit dem Spitzkrokodil erschwert, das vornehmlich im Mündungsbereich des Flusses auftritt.

Lebensweise

Das Orinoko-Krokodil ernährt sich wahrscheinlich vor allem von Fischen, die es mit der schmalen Schnauze sehr gut packen und halten kann. Daneben fängt es jedoch auch Amphibien, andere Reptilien, Vögel und Säugetiere. Verbürgte Berichte darüber, dass diese Krokodile Menschen attackiert hätten gibt es nicht, allerdings berichteten frühe Reisende davon.

Das Brutverhalten der Tiere ist weitgehend unbekannt, wie alle anderen amerikanischen Krokodile ist es ein Grubennister.

Literatur

- Charles A. Ross (Hrsg.): *Krokodile und Alligatoren - Entwicklung, Biologie und Verbreitung*, Orbis Verlag Niedernhausen 2002
- Joachim Brock: *Krokodile - Ein Leben mit Panzerechsen*, Natur und Tier Verlag Münster 1998

Weblinks

- *Crocodylus intermedius* [1] in der Roten Liste gefährdeter Arten der IUCN 2006. Eingestellt von: Crocodile Specialist Group, 1996. Abgerufen am 9. Mai 2006
- *Crocodylus rhombifer* [1] in The Reptile Database

References

[1] http://www.iucnredlist.org/apps/redlist/details/5661/0

Sumpfkrokodil

Sumpfkrokodil	
 Sumpfkrokodil (Crocodylus palustris)	
Systematik	
Reihe:	Landwirbeltiere (Tetrapoda)
Klasse:	Reptilien (Reptilia)
Ordnung:	Krokodile (Crocodilia)
Familie:	Echte Krokodile (Crocodylidae)
Gattung:	*Crocodylus*
Art:	Sumpfkrokodil
Wissenschaftlicher Name	
Crocodylus palustris	
Lesson, 1831	

Das **Sumpfkrokodil** (*Crocodylus palustris*) ist eine Art der Echten Krokodile (Crocodylidae).

Merkmale

Das Sumpfkrokodil erreicht eine maximale Länge von etwa vier Metern. Die erwachsenen Tiere sind grau bis graubraun und meistens mit dunklen Zeichnungen versehen, die Jungtiere sind hellbraun bis braun und besitzen auf dem Schwanz und dem Körper eine dunkle Querbänderung.

Verbreitung

Das Sumpfkrokodil ist ein Süßwasserbewohner, der vor allem in Flüssen, Seen und Sümpfen zu finden ist. Außerdem bewohnt es die Bewässerungskanäle und künstlich angelegten Wasserreservoirs seiner Heimat. Gelegentlich wurden Sumpfkrokodile auch im Brackwasser angetroffen. Sein Verbreitungsgebiet umfasst den indischen Subkontinent und reicht vom östlichen Iran über Pakistan, Nordindien, Nepals Terai bis nach Sri Lanka. In Bangladesch sind Sumpfkrokodile wahrscheinlich ausgestorben.

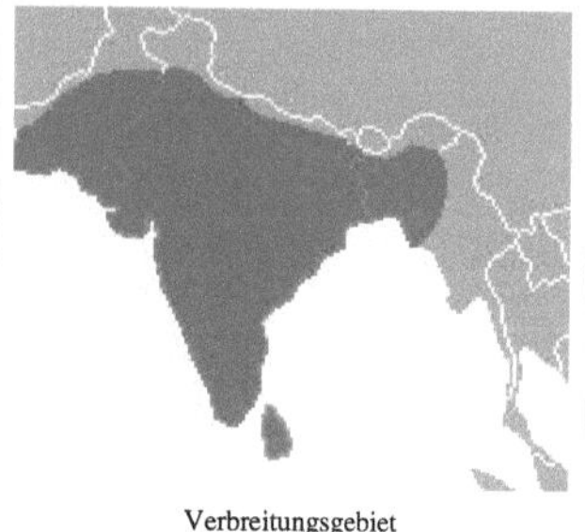
Verbreitungsgebiet

Lebensweise

Wie die meisten anderen Krokodile ernährt sich das Sumpfkrokodil von sehr unterschiedlichen Organismen des Wassers. Sein Spektrum umfasst dabei Fische, Schlangen, Frösche, Wasserschildkröten, Insekten sowie kleine Säugetiere. Große Krokodile fangen auch Hirsche, Wasserbüffel und Gaure. Außerdem sind sie bekannt dafür, dass sie Fische aus Fischernetzen „stehlen".

Die Eier werden in Gruben abgelegt. Ein solches Nest umfasst zwischen 25 und 30 Eier. In Gefangenschaft gehaltene Sumpfkrokodilweibchen haben nicht selten zwei Gelege pro Jahr.

Sumpfkrokodile sind in einigen Gegenden ihres Verbreitungsgebietes in ihrem Bestand hoch bedroht. Im Iran hat eine lang anhaltende Dürre die Zahl der dort lebenden Krokodile drastisch reduziert, in Indien ist es der Verlust der natürlichen Lebensräume durch die explosionsartig wachsende menschliche Bevölkerung. Die sichersten Bestände leben heute wohl auf Sri Lanka (Unterart *Crocodylus palustris kimbula*).

Literatur

- Charles A. Ross (Hrsg.): *Krokodile und Alligatoren - Entwicklung, Biologie und Verbreitung*, Orbis Verlag Niedernhausen 2002
- Joachim Brock: *Krokodile - Ein Leben mit Panzerechsen*, Natur und Tier Verlag Münster 1998

Weblinks

- *Crocodylus palustris* [1] in der Roten Liste gefährdeter Arten der IUCN 2006. Eingestellt von: Crocodile Specialist Group, 1996. Abgerufen am 9. Mai 2006
- *Crocodylus palustris* [2] in The Reptile Database

References

[1] http://www.iucnredlist.org/apps/redlist/details/5667/0
[2] http://reptile-database.reptarium.cz/search.php?genus=Crocodylus&exact%5B%5D=genus&species=palustris&exact%5B%5D=species&submit=Search

Siam-Krokodil

Siam-Krokodil	
 Siam-Krokodil (*Crocodylus siamensis*)	
Systematik	
Reihe:	Landwirbeltiere (Tetrapoda)
Klasse:	Reptilien (Reptilia)
Ordnung:	Krokodile (Crocodilia)
Familie:	Echte Krokodile (Crocodylidae)
Gattung:	*Crocodylus*
Art:	Siam-Krokodil
Wissenschaftlicher Name	
Crocodylus siamensis	
Schneider, 1801	

Das **Siam-Krokodil** (*Crocodylus siamensis*) ist eine Art der Echten Krokodile (Crocodylidae).

Merkmale

Das Siam-Krokodil erreicht eine Länge von unter vier Metern. Besonders die Jungtiere ähneln auf den ersten Blick dem Leistenkrokodil (*Crocodylus porosus*), unterscheiden sich aber von diesem durch die deutlich ausgeprägten vergrößerten Nackenschilde. Das Siam-Krokodil besitzt eine deutlich breitere Schnauze und mehrere Reihen von Querschildern an der Kehle. Während Leistenkrokodile Salz-und Brackwasserbereiche bevorzugen, hält sich das Siamkrokodil ausschließlich in Süßwasserflüssen, -seen und -sümpfen auf. Auf Krokodilfarmen in Thailand und

Vietnam kam es beabsichtigt häufig zur Hybridisierung zwischen beiden vorgenannten Arten, in diesem Fall weisen die Hybriden Artmerkmale von Leistenkrokodil und Siamkrokodil auf. Diese Hybridkrokodile sind fortpflanzungsfähig und werden nach wie vor in sehr großer Zahl zum Zweck der Häutegewinnung besonders in Thailand und der VR China gezüchtet.

Verbreitung

Das Siam-Krokodil lebt in Süßgewässern wie Flüssen, kleineren Seen und Sumpfbereichen. Sein Verbreitungsgebiet ist sehr begrenzt und beinhaltet Teile des südostasiatischen Festlandes von Thailand, Laos, Vietnam, Kambodscha und Malaya sowie einige indonesische Inseln. In freier Wildbahn ist es allerdings heute aufgrund von Jagd und Lebensraumverlust sehr selten.

Die IUCN listet diese Art als vom Aussterben bedroht *(critically endangered)*

Verbreitung

Lebensweise

Wie die meisten anderen Krokodile ernährt sich das Siam-Krokodil von sehr unterschiedlichen Organismen des Wassers. Sein Spektrum umfasst dabei wahrscheinlich Insekten, Fische, andere Reptilien und Amphibien, Vögel sowie kleinere bis mittelgroße Säugetiere, genaueres ist allerdings nicht bekannt.

Zur Fortpflanzungszeit wird ein Hügelnest aus Pflanzenmaterialien gebaut, in dem die Eier abgelegt werden. In Gefangenschaft umfasst ein solches Nest 2 bis 30 Eier, die Nestgröße in der Wildnis ist unbekannt.

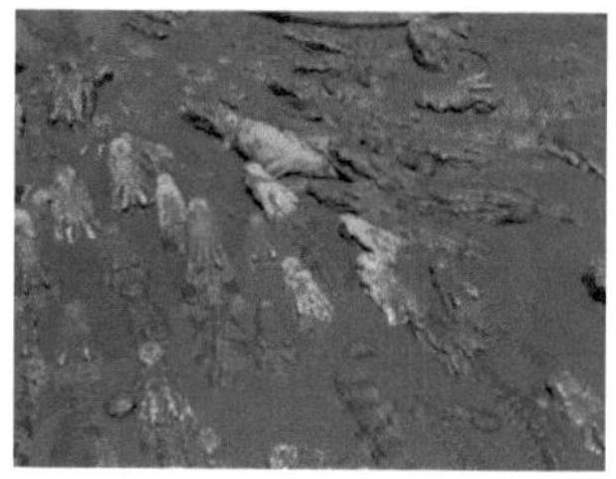
Ausgewachsene Siam-Krokodile im Schlamm

Literatur

- Charles A. Ross (Hrsg.): *Krokodile und Alligatoren - Entwicklung, Biologie und Verbreitung*, Orbis Verlag Niedernhausen 2002
- Joachim Brock: *Krokodile - Ein Leben mit Panzerechsen*, Natur und Tier Verlag Münster 1998
- Trutnau,L.& R. Sommerlad : "Krokodile: Biologie und Haltung", Verlag Chimaira Frankfurt 2006
- Trutnau, L.& R.Sommerlad: "Cocodilians -Their Biology and Captive Husbandry", Verlag Chimaira, Frankfurt 2006

Jungkrokodile beim Sonnenbad

Weblinks

- *Crocodylus siamensis* [1] in der Roten Liste gefährdeter Arten der IUCN 2006. Eingestellt von: Crocodile Specialist Group, 1996. Abgerufen am 11. Mai 2006
- *Crocodylus siamensis* [2] in The Reptile Database

References

[1] http://www.iucnredlist.org/apps/redlist/details/5671/0
[2] http://reptile-database.reptarium.cz/search.php?genus=Crocodylus&exact%5B%5D=genus&species=siamensis&exact%5B%5D=species&submit=Search

Philippinen-Krokodil

Philippinen-Krokodil	
 Philippinen-Krokodil (*Crocodylus mindorensis*)	
Systematik	
Reihe:	Landwirbeltiere (Tetrapoda)
Klasse:	Reptilien (Reptilia)
Ordnung:	Krokodile (Crocodilia)
Familie:	Echte Krokodile (Crocodylidae)
Gattung:	*Crocodylus*
Art:	Philippinen-Krokodil
Wissenschaftlicher Name	
Crocodylus mindorensis	
Schmidt, 1935	

Das **Philippinen-Krokodil** (*Crocodylus mindorensis*) ist eine Art der Echten Krokodile (Crocodylidae).

Verbreitung

Merkmale

Im Vergleich zu allen anderen Krokodilen im pazifischen Raum zeichnet sich das Philippinen-Krokodil durch eine sehr breite Schnauze, die mit bis zu 68 Zähnen bewehrt ist, und große Panzerschuppen im Nacken- und Rückenbereich aus.

Mit maximal drei Metern Körperlänge bei männlichen Expemplaren gehört es zu den kleineren Krokodilarten. Die Weibchen dieser Spezies sind kleiner, bis zu 1,5 Metern und bis zu 15 kg Körpergewicht. Das Verhalten des Philippinen-Krokodils wird als scheu und harmlos gegenüber dem Menschen beschrieben, nur bei Provokationen reagiert es aggressiv.

Verbreitung

Das Philippinen-Krokodil lebt in Süßgewässern wie Flüssen, kleineren Seen und Sumpfbereichen. Dabei ist es in seiner Verbreitung beschränkt auf einzelne Inseln der Philippinen. In historischen Zeiten kamen die Tiere auf den Inseln Luzon, Mindoro, Masbate, Samar, Negros, Busuanga und Mindanao vor.

Seine heutige Verbreitungsgebiete beschränken sich auf das Agusan Marschland, die Ligawasan Marschlandschaft und den Oberlauf des Pulangi in der Provinz Bukidnon auf der Insel Mindanao. Auf der Insel Luzon gehört der Northern Sierra Madre Natural Park und Gebiete in der Abra Provinz entlang des Flusses *Binungan* zu seinem heutigen Lebensraum. Alle anderen Sichtungen konnten nicht bestätigt werden.

Lebensweise

Wie die meisten anderen Krokodile ernährt sich das Philippinen-Krokodil von sehr unterschiedlichen Organismen des Wassers. Sein Spektrum umfasst dabei wahrscheinlich Schlangen, Frösche, Wasserschildkröten, Insekten sowie kleine Säugetiere, genaues ist allerdings nicht bekannt. Das Verhältnis zwischen Männchen zu Weibchen in den Populationen beträgt in der Regel 1:1.

Die Paarungsperiode ist je nach Verbreitungsgebiet unterschiedlich, liegt aber generell in den Monaten Januar bis Mai. Speziell in der Morgendämmerung zwischen 4 bis 7 Uhr, kann die bis 30 Minuten dauerende Prozedur beobachtet werden, welche im Wasser stattfindet.

Eine Woche vor der Eiablage bauen die Weibchen ein Hügelnest aus Sand und verrotenden Pflanzenmaterialien, in dem sie 7 bis 25 Eier abgelegen. Die Brutdauer beträgt ca. 12 Wochen. Eine Bewachung des Nestes und Brutpflege wurden beobachtet.

Quellen

- Das Philippinen Krokodil auf Philippine Clearing House [1]
- Das Philippinen Krokodil bei der Philippine Crocodile Group der IUCN [2]

Literatur

- Charles A. Ross (Hrsg.): *Krokodile und Alligatoren – Entwicklung, Biologie und Verbreitung.* Orbis Verlag, Niedernhausen 2002
- Joachim Brock: *Krokodile – Ein Leben mit Panzerechsen.* Natur und Tier Verlag, Münster 1998

Weblinks

- *Crocodylus mindorensis* [3] in The Reptile Database
- *Crocodylus mindorensis* - HerpaWorld" [4]

References

[1] http://www.chm.ph/index.php?option=com_content&view=article&id=138&catid=45
[2] http://www.iucncsg.org/ph1/modules/Publications/ActionPlan3/ap2010_13.html
[3] http://reptile-database.reptarium.cz/search.php?genus=Crocodylus&exact%5B%5D=genus&species=mindorensis&exact%5B%5D=species&submit=Search
[4] http://www.herpaworld.com/index.php?action=pz_tier_det&id_art=27&topic=Crocodilians

Article Sources and Contributors

Beulenkrokodil *Source*: http://de.wikipedia.org/w/index.php?title=Beulenkrokodil *Contributors*: Achim Raschka, Aka, Fice, Geaster, HAL Neuntausend, Martin-rnr, Naddy, Necrophorus, Philipendula, RunningGirl, Springbank, Uwe Gille, 7 anonymous edits

Echte_Krokodile *Source*: http://de.wikipedia.org/w/index.php?title=Echte_Krokodile *Contributors*: Achim Raschka, Aka, Branka France, Da, Eckhart Wörner, Euphoriceyes, Fire@flash, Graciliraptor, Haruspex, Karl-Henner, Krawi, Martin-vogel, Necrophorus, Nipisiquit, Paddy, Rufus46, Slt, Soebe, Succu, Tiontai, TomCatX, Uwe Gille, Vollmittendrin, WAH, Xhienne, 18 anonymous edits

Landwirbeltiere *Source*: http://de.wikipedia.org/w/index.php?title=Landwirbeltiere *Contributors*: Achim Raschka, Aglarech, Aka, AmateurPinsel, Andim, Bertonymus, Bradypus, Chadmull, ChristianErtl, Christopher, CommonsDelinker, Eckhart Wörner, Eredrian, ErikDunsing, Franz Xaver, FritzG, Gerbil, Graciliraptor, Hagen Graebner, Haplochromis, Head, Hystrix, JAF, Javaprog, Jeremiah21, Jivee Blau, Katharina, Kibert, Krtschil, Kurt Jansson, Laza, Martin-vogel, Mayer Richard, Muscari, Paddy, Palica, Pelz, Pjacobi, Pras, Sciurus, Sepia, Stechlin, Stw, Superbass, Tigerente, Tobi B., TomCatX, Wst, 27 anonymous edits

Reptilien *Source*: http://de.wikipedia.org/w/index.php?title=Reptilien *Contributors*: 4tilden, Achim Raschka, Adrian Lange, Aglarech, Aka, Andi d, ArnoLagrange, AustriaZoo, BK-Master, Badelias, Baird's Tapir, Bartagameonline, Ben-Zin, Bigbossfarin, Bradypus, Carol.Christiansen, Chadmull, Chd, Chricho, Christian Specht, Complex, Conny, Conversion script, Cymothoa exigua, D, Da ola, Daniel Mattes, Danimilkasahne, DasBee, Dejus, Der Nöck, Der.Traeumer, DerGraueWolf, DerHexer, Drägü, Dundak, Eckhart Wörner, Engie, Feba, Fice, Fiver, der Hellseher, Florian Adler, Foundert, Franz Halac, Franz Xaver, Fristu, Gancho, Gerbil, Gerhardvalentin, Glenn, Gnu1742, Gohnarch, HaSee, HaeB, Hans J. Castorp, Haplochromis, Hardenacke, Hati, He3nry, Head, HsT, Hubertl, Hydro, Ina96, Jergen, Jivee Blau, Jodoform, JuTa, Juesch, Kammerjaeger, Karl-Henner, Katimpe, Killerplauze, Kku, Krd, LKD, Lucamennen5, Lämpel, Magnummandel, Manecke, Martin-vogel, Matthias Zimmermann, Mayer Richard, Mike Krüger, My name, Necrophorus, Nicolas17, Nicor, Nightflyer, Nitsuko, Nocturne, Numbo3, OecherAlemanne, Owltom, Oxymoron83, Paddy, Palica, Peter200, Phil41, Philipp Wetzlar, Pill, Pitichinaccio, Pittimann, Pixtar, Pixumilian, Quintero, RacoonyRE, Raubfisch, Rdb, Regi51, Reinhard Kraasch, Rennfahrersepp, Reptilienhilfe, Richi24, Riptor, Robodoc, Roland Kaufmann, Roterraecher, Schewek, Sea-empress, Sebi099, Seewolf, Seidl, Sinn, Small Axe, Soebe, Speifensender, Spes Rei, Spuk968, Stechlin, Stefan Kühn, Steffen, Stw, Sulfolobus, Tafkas, Telegraf, Thorbjoern, Tigerente, Tinz, Tobi B., TomCatX, Torwartfehler, Traroth, Tsui, Tönjes, Ulrich.fuchs, Umweltschützen, Unukorno, Uwe Gille, Vipera, Vulture, WAH, Wamito, WeißNix, Wernstrass, Wst, Xocolatl, YourEyesOnly, 263 anonymous edits

Krokodile *Source*: http://de.wikipedia.org/w/index.php?title=Krokodile *Contributors*: -jha-, ASK, Abubiju, Accipiter, Achim Raschka, Aglarech, Aka, Aklippel, Andreas aus Hamburg in Berlin, Angelpeream, Anneke Wolf, Athenchen, Auguste Bolte, BS Thurner Hof, Baldhur, Batrox, Baumi, Bertramz, BishkekRocks, Bjb, Björn Bornhöft, Branka France, Carlotte, Chabacano, Chesk, Ckeen, Cocker68, CommonsDelinker, Cornischong, Crux, D, DALIBRI, DaB., Damn it, Dendroaspis, DerHexer, Diba, Dinah, Dr. Günter Bechly, Dr. Nachtigaller, Dreadn, Eckhart Wörner, Elya, Engeser, Engie, Enzo1940, Euphoriceyes, Factumquintus, Flaggenchemiker, Florian Adler, FordPrefect42, Fristu, GDK, GNosis, Gary Dee, Geaster, Geos, Gerhardvalentin, Gnu1742, Goto Dengo, Graciliraptor, Grey Geezer, Gudrun Meyer, HAL Neuntausend, HaSee, Haplochromis, He3nry, Herr Meier, Hewa, Hob Gadling, Hozro, Ixitixel, J. Patrick Fischer, JKS, Jinro, Joeska, Jogo.obb, Johannes Hüsing, Jonathan Hornung, Juesch, Kai11, Kajk, Katty, KnightMove, Knochen, Kroffe, Kuebi, Kulac, Kyselak, LKD, Leider, Leithian, Lluuccaass, Lofor, Louie, Lung, Löschfix, MBq, Mac ON, Marcus Cyron, Martin-rnr, Martin-vogel, Milvus, Minalcar, Mnh, Mst, Muck31, Mvb, Naddy, Necrophorus, Nicor, Nipisiquit, Niteshift, Nordelch, ONAR, Oliver Wings, Paddy, Pangio, Pc flo, Pendulin, Perrak, Peter adamicka, Peter200, Pinguin.tk, Pixumilian, PointedEars, Raymond, Robb, RobertLechner, Rudolf Pohl, Rufus46, Sallynase, Sarefo, Schewek, Schlumpf, Schnargel, Sechmet, Seewolf, Sepia, Sibarius, Sinuspi, Skriptor, Soebe, Sordes, Speifensender, Stechlin, Stefan Kühn, Sven-steffen arndt, T34, Teleutomyrmex, Ticketautomat, Timer, Tobias1983, TomCatX, Udimu, Uwe Gille, Varulv, Vic Fontaine, Voytek s, WAH, Wiegand, WikiMax, Wilske, Wofl, Zinnmann, 146 anonymous edits

Crocodylus *Source*: http://de.wikipedia.org/w/index.php?title=Crocodylus *Contributors*: Aka, Cymothoa exigua, Divisor, Factumquintus, Graciliraptor, HenkvD, Jeremiah21, Kibert, Martin-vogel, Mike Krüger, Necrophorus, Nipisiquit, Paddy, Uwe Gille, 2 anonymous edits

Auguste_Duméril *Source*: http://de.wikipedia.org/w/index.php?title=Auguste_Dum%C3%A9ril *Contributors*: Achim Raschka, Bryan Derksen, Carabinieri, Ceyockey, ChristophDemmer, D6, DerGraueWolf, Etacar11, Invisigoth67, Kam Solusar, Mwng, Onkelkoeln, Raymond, Silewe, Umherirrender, Valérie75, Zusasa

Gabriel_Bibron *Source*: http://de.wikipedia.org/w/index.php?title=Gabriel_Bibron *Contributors*: APPER, Achim Raschka, Aka, Alexandronikos, ChristophDemmer, Letdemsay, Rybak, Salmi, Succu, Symposiarch, Tococa

Mittelamerika *Source*: http://de.wikipedia.org/w/index.php?title=Mittelamerika *Contributors*: ALE!, Aconcagua, Aka, Angelika Lindner, Apollon Augustus Ku, ArnoLagrange, Ben-Zin, Blah, Bärski, CdaMVvWgS, Christian Günther, Chun-hian, Creando, DanielHerzberg, DerHexer, Don Magnifico, Easelpeasel, Elmira 11, ErikDunsing, Eriosw, Escla, Franz Xaver, Fritz, H005, Highpriority, Horst, Hozro, Hubertl, Hydro, Janneman, Jcmenal, JuTa, Karl-Henner, Kku, Kpjas, Malteser.de, Mandavi, Martin Aggel, Martin-vogel, Matt1971, Mihály, Mikue, Morok, NCC1291, Naddy, Nepenthes, Neurus, Nicor, NorkNork, PhJ, Phe, Picaflor74, Pischdi Hufnagel, Pit, Pitichinaccio, Primus von Quack, Raymond, Romanm, Roo1812, S.K., Saltose, Schewek, Schniggendiller, Sersalda, SigmundKaak, Sinn, Spacebirdy, Supaman89, Sven-steffen arndt, Thommess, Tzzzpfff, Unukorno, Ureinwohner, Voevoda, Zinnmann, 68 anonymous edits

Sympatrie *Source*: http://de.wikipedia.org/w/index.php?title=Sympatrie *Contributors*: 9mag, Achim Raschka, Dr. Günter Bechly, El Grafo, Ercas, Eryakaas, Gerbil, Lord Ag.Ent, MichiK, S3r0, TomCatX, 1 anonymous edits

Spitzkrokodil *Source*: http://de.wikipedia.org/w/index.php?title=Spitzkrokodil *Contributors*: A.Savin, Achim Raschka, Aka, Buteo, Cecil, Erik Warmelink, Gardini, GordonKlimm, Hildegund, Hubertl, Krawi, Martin-rnr, Marvinlukas, Naddy, Necrophorus, Pismire, Raymond, Regi51, TomCatX, Uwe Gille, 18 anonymous edits

Nasenbein *Source*: http://de.wikipedia.org/w/index.php?title=Nasenbein *Contributors*: Andi d, B.gliwa, Carol.Christiansen, Janneman, Jobu0101, Kuebi, NasenBV, RosarioVanTulpe, Schnulli00, Siehe-auch-Löscher, TheWolf, Uwe Gille, 6 anonymous edits

Tamaulipas *Source*: http://de.wikipedia.org/w/index.php?title=Tamaulipas *Contributors*: Aka, Astrobeamer, Bärski, Civvi, Flavia67, Gamsbart, Generator, Guntscho, Head, Hixteilchen, Jost Riedel, Kaare, Kinimod, Löwenzahn2, Maclemo, Nachtagent, Obersachse, Parakletes, PerfektesChaos, Peter200, Raymond, Ruiz, Sisal13, Spischot, TUBS, Thommess, Tresckow, Urizen, Wiegels, Wislianer, 11 anonymous edits

Yucatán_(Halbinsel) *Source*: http://de.wikipedia.org/w/index.php?title=Yucat%C3%A1n_%28Halbinsel%29 *Contributors*: AchimP, Afforever, Aka, Armin P., BLueFiSH.as, Bhuck, Bierdimpfl, BlackPhoenix, CarstenK, Chaddy, Chile1853, CommonsDelinker, Denniss, Don Magnifico, DuMonde, Emes, Euku, Fkoch, Fornax, Frank der Lexikafreak, Franz Portal Raumfahrt, FreeMO, Fristu, Ge-guru, Gidoca, HJPD, Head, Hi-Teach, Jeremiah21, Kaare, Kinimod, Kolibri8, Kookaburra, Liser, Lorielle, Lukas9950, Magnus, Malteser.de, MatthiasHuehr, Mephisto, Minalcar, Mnh, Mschlindwein, NCC1291, Nepenthes, Neurus, Nolispanmo, PQ3, Peter200, PhJ, PunktKommaStrich, Raymond, Regiomontanus, RobertLechner, Rolz-reus, Rubblesby, Ruiz, Sammler05, Sebmol, Sisal13, Slimguy, Sneecs, Stefan Kühn, Stefan Ruehrup, Suisui, Susu the Puschel, Telim tor, Tresckow, Tönjes, Urizen, Voevoda, Wolfgang1018, Zollwurf, 55 anonymous edits

Süßwasser *Source*: http://de.wikipedia.org/w/index.php?title=S%C3%BC%C3%9Fwasser *Contributors*: ANKAWÜ, Aka, Alexandra lb, Avoided, B.gliwa, Blootwoosch, Brummfuss, ChrisHamburg, Christian List, Christopher, Conny, Daniel 1992, DelSarto, DerHexer, DerSimon, Diba, Don Magnifico, DorisAntony, ErikDunsing, FalconL, Fish-guts, Fritz Händel, Griensteidl, Guffi, Heinte, Howwi, Hydro, Hystrix, JARU, Jeremiah21, Juliabackhausen, Kku, Krawi, LKD, Lormo, LostAndSafe, Lrw, MainFrame, Martin Bahmann, Mdangers, Mike Krüger, Miremont, Mnh, Nachbarnebenan, Ncnever, Niemot, Niteshift, PM3, Peter200, Pit, Pittimann, Plattmaster, Radian, Regi51, Reservoirdog, RitaC, Rob Irgendwer, Robert M., SamIam, Saperaud, Shadowcross, The real Marcoman, Thorbjoern, Timk70, TomCatX, Tönjes, Ulrich.fuchs, Umweltschützen, Uwe Gille, V.R.S., Vigilius, W!B:, Wissen, XenonX3, YourEyesOnly, Zapyon, Zoris Trömm, Zornfrucht, 70 anonymous edits

Familie_(Biologie) *Source*: http://de.wikipedia.org/w/index.php?title=Familie_%28Biologie%29 *Contributors*: A.Savin, ABF, AN, Aka, Alex12, Alexander Z., Armin P., Avoided, B.gliwa, Baird's Tapir, Baldhur, Ben-Zin, Brackenheim, Branka France, Buchling, Bücherhexe, Carstor, ChristianErtl, Church of emacs, Co-flens, Cologinux, Conny, Conversion script, Dansker, Denis Barthel, Dha, Doc Taxon, Don Quichote, Engie, Ennowang, ErikDunsing, Friedrichheinz, Fristu, Fujnky, Gerbil, Gerhard Elsner, Gleiberg, Glenn, Hanno Sandvik, Hans J. Castorp, Head, Hydro, Inkowik, JFKCom, Jivee Blau, Klausmach, KnightMove, Kristjan, LGMuenchen, Littl, Liuthalas, Livajo, Makngghk, Martin-vogel, Mathias Schindler, Meteor2017, Numbo3, Nuno Tavares, Pentachlorphenol, Peterwilhelm, Phil41, Porsche 997 Carrera, Ra'ike, Ralf Weigel, Rax, Roo1812, Rprick, Rumpenisse, S.v.Mering, Scooter, Seewolf, Suit, Tönjes, Vigilius, Wofl, 63 anonymous edits

Alligatoren *Source*: http://de.wikipedia.org/w/index.php?title=Alligatoren *Contributors*: 3268zauber, A.Savin, Achim Raschka, Aka, BKSlink, BesondereUmstaende, Björn Bornhöft, Branka France, Chaddy, Cologinux, Complex, Cymothoa exigua, DasBee, Ddxc, Dellex, Der.Traeumer, DerHexer, Diba, Dietzel, ECeDee, ElRaki, Engie, Entlinkt, Euphoriceyes, Geräusch, Graciliraptor, HaeB, Hafenbar, Hans-Olaf, Haplochromis, Hardenacke, He3nry, Hein.Mück, Howwi, Hubertl, Inkowik, Ixitixel, Javaprog, Jergen, Jivee Blau, Jurpel, Kai11, Kaisersoft, Karl-Henner, Katharina, Kku, KnightMove, Liberaler Humanist, M.L, Martin-rnr, Martin1978, Marvinlukas, MasterFinally, Mborning, Milvus, Mr. B.B.C., Muscari, Naddy, Napa, Necrophorus, NiemehrzweiteLiga, Nikkis, Niteshift, NoCultureIcons, Nolispanmo, NorbertNagel, Olaf Studt, Ot, Paddy, Peter200, Pittimann, RoFra, Sinn, Sipalius, Small Axe, Soebe, Stechlin, Thogo, Tönjes, Umweltschützen, Uwe Gille, V.R.S., Verita, WAH, Wikpeded, Zoph, Zündkerze, 100 anonymous edits

Gangesgavial *Source*: http://de.wikipedia.org/w/index.php?title=Gangesgavial *Contributors*: Achim Raschka, Angr, Bertonymus, BhagyaMani, Branka France, Canis85, CommonsDelinker, Dan81, Don Magnifico, Donkey shot, ElRaki, Graciliraptor, HaSee, Hanno Sandvik, Haplochromis, HenHei, Kanchhi, Kurt Jansson, Liberaler Humanist, Lohachata, Martin-mr, Marvinlukas, Necrophorus, Paddy, Pigpen, Sordes, Spuk968, The real Marcoman, Tobi B., TomCatX, Uwe Gille, WAH, Wasserseele, 21 anonymous edits

Leistenkrokodil *Source*: http://de.wikipedia.org/w/index.php?title=Leistenkrokodil *Contributors*: 217, 3268zauber, A.Savin, Achim Raschka, Aka, AngMo, Avoided, Aylin, Bin im Garten, Blaufisch, Bäras, Chaddy, Cheiron94, Chrissie, Cwolfdietrich, Cymothoa exigua, DaB., Denis Barthel, Diba, Divna Jaksic, Don Magnifico, Dr. Günter Bechly, Drahreg01, Engie, Factumquintus, Fish-guts, Fjoerg, Forevermore, Gerd Fahrenhorst, HaSee, Haplochromis, Hardenacke, Harry8, Hbruker, Herrick, Hhabicht, Hoo man, Howwi, Hubertl, J. Patrick Fischer, Jivee Blau, Kahlfin, Kramlinger, Kuebi, Lipstar, Lofor, Louis Bafrance, Magnummandel, Martin-mr, MartinHansV, Marvinlukas, Matthias Hake, MeisterHaag, MetalHeart, Mmmkay, Mnh, Morruk, Muggenhorst, Muscari, Naddy, Ne discere cessa!, Necrophorus, Neokortex, Oltsw, Onkelkoeln, Paddy, Papphase, Pc-espe, Pentachlorphenol, Peter200, Piflaser, Pimbura, Pittimann, Quintero, Raymond, Regi51, Relie86, Renekaemmerer, Revvar, RobertLechner, Roo1812, Rudolf Pohl, STBR, Schomynv, Septembermorgen, Seqouiadenodron, Sordes, Spuk968, Stefan Kühn, TeamBurton, TheSkunk, Timk70, Tschäfer, Twinkle, Tönjes, Uwe Gille, Valentin Funk, Wesener, Wiegels, Wiki surfer bcr, Wolfgang1018, 109 anonymous edits

Nilkrokodil *Source*: http://de.wikipedia.org/w/index.php?title=Nilkrokodil *Contributors*: A.Savin, Achim Raschka, Aka, Akalos, BS Thurner Hof, Baldhur, Christoph Buchholz, Conny, DasBee, Dellex, Dietzel, Don Magnifico, Drachenmeister5, Emes, Erika39, Factumquintus, Franz Xaver, Gerbil, Guitaroxx, Haplochromis, Head, Howwi, Hubertl, Inkowik, Janneman, Jom, KL47, Kaisersoft, Kito, KurtR, Lasse Hubweber, Logograph, Lycopithecus, Martin-mr, Marvinlukas, Merlissimo, Misoklau, Muscari, Naddy, Necrophorus, Nockel12, Paddy, Peter200, Philipp Wetzlar, Pittimann, Rainer Bielefeld, Raymond, Revvar, SPS, Schlesinger, Seewolf, Sepia, Sicherlich, Sinn, Solid State, Sordes, Splayn, StillesGrinsen, TVAbraxas, Template namespace initialisation script, The Emirr, Thorbjoern, Tobi B., Tortilla, Ulz, Umweltschützen, Uwe Gille, Valentin Funk, WAH, Wolfgang1018, Wst, YMS, YourEyesOnly, 102 anonymous edits

Kubakrokodil *Source*: http://de.wikipedia.org/w/index.php?title=Kubakrokodil *Contributors*: Achim Raschka, Aka, Aktions, Andys, Bärski, Crocodilians, Curtis Newton, Ehrenburg, Escla, GiordanoBruno, Howwi, Kubrick, Martin-mr, Marvinlukas, Matthiasb, Mermer, Naddy, Necrophorus, Parell, Politics, Poxy, Scooter, Sodala, Uwe Gille, Video2005, Zollwurf, 15 anonymous edits

Orinoko-Krokodil *Source*: http://de.wikipedia.org/w/index.php?title=Orinoko-Krokodil *Contributors*: +aledse+, A.Savin, Achim Raschka, Aka, CommonsDelinker, Earwig, Hubertl, Martin-mr, Marvinlukas, Necrophorus, Robodoc, The real Marcoman, TheBo, Tobi B., Uwe Gille, 8 anonymous edits

Sumpfkrokodil *Source*: http://de.wikipedia.org/w/index.php?title=Sumpfkrokodil *Contributors*: A.Savin, Achim Raschka, Aka, Baldhur, Gancho, Gardini, HeavyRain, Jonathan Hornung, Kanchhi, Knoerz, Liuthalas, Martin-mr, Marvinlukas, Naddy, Necrophorus, Plugwash, Regi51, Robodoc, Saehrimnir, Scooter, Spuk968, Xymox, 20 anonymous edits

Siam-Krokodil *Source*: http://de.wikipedia.org/w/index.php?title=Siam-Krokodil *Contributors*: Achim Raschka, Aka, Da, Das Robert, Delian, HaSee, Howwi, Hubertl, Julez A., Martin-mr, Marvinlukas, Necrophorus, Scooter, Soebe, Uwe Gille, WAH, Wiki surfer bcr, 14 anonymous edits

Philippinen-Krokodil *Source*: http://de.wikipedia.org/w/index.php?title=Philippinen-Krokodil *Contributors*: Achim Raschka, Aka, Assarhaddon, Avoided, Blaufisch, CorranHorn, Don Magnifico, Entlinkt, HaSee, Herpaworld, Martin-mr, Naddy, Necrophorus, Olaf Studt, Regi51, Saehrimnir, Schwallex, Soebe, The real Marcoman, Uwe Gille, 9 anonymous edits

Image Sources, Licenses and Contributors

Datei:Morelets.crocodile.arp.jpg *Source*: http://de.wikipedia.org/w/index.php?title=Datei:Morelets.crocodile.arp.jpg *License*: unknown *Contributors*: Arpingstone, 2 anonymous edits

Datei:Crocodylus moreletti Distribution.png *Source*: http://de.wikipedia.org/w/index.php?title=Datei:Crocodylus_moreletti_Distribution.png *License*: unknown *Contributors*: Achim Raschka, Duesentrieb, Linél, 2 anonymous edits

Datei:Crocodile in Kachikali kevinzim.jpg *Source*: http://de.wikipedia.org/w/index.php?title=Datei:Crocodile_in_Kachikali_kevinzim.jpg *License*: unknown *Contributors*: kevinzim

Datei:Extant tetrapoda.jpg *Source*: http://de.wikipedia.org/w/index.php?title=Datei:Extant_tetrapoda.jpg *License*: unknown *Contributors*: User:Petter Bøckman

Datei:Eusthenopteron BW.jpg *Source*: http://de.wikipedia.org/w/index.php?title=Datei:Eusthenopteron_BW.jpg *License*: unknown *Contributors*: User:ArthurWeasley

Datei:Panderichthys BW.jpg *Source*: http://de.wikipedia.org/w/index.php?title=Datei:Panderichthys_BW.jpg *License*: unknown *Contributors*: User:ArthurWeasley

Datei:Tiktaalik roseae life restor.jpg *Source*: http://de.wikipedia.org/w/index.php?title=Datei:Tiktaalik_roseae_life_restor.jpg *License*: unknown *Contributors*: Zina Deretsky, National Science Foundation (Courtesy: National Science Foundation)

Datei:Hynerpeton BW.jpg *Source*: http://de.wikipedia.org/w/index.php?title=Datei:Hynerpeton_BW.jpg *License*: unknown *Contributors*: User:ArthurWeasley

Datei:Tulerpeton12DB.jpg *Source*: http://de.wikipedia.org/w/index.php?title=Datei:Tulerpeton12DB.jpg *License*: unknown *Contributors*: Original uploader was DiBgd at en.wikipedia

Datei:Crassygyrinus scoticusDB.jpg *Source*: http://de.wikipedia.org/w/index.php?title=Datei:Crassygyrinus_scoticusDB.jpg *License*: unknown *Contributors*: Original uploader was DiBgd at en.wikipedia

Datei:Salamandra atra on Triglav.jpg *Source*: http://de.wikipedia.org/w/index.php?title=Datei:Salamandra_atra_on_Triglav.jpg *License*: unknown *Contributors*: User:Kabóca

Datei:Diadectes1DB.jpg *Source*: http://de.wikipedia.org/w/index.php?title=Datei:Diadectes1DB.jpg *License*: unknown *Contributors*: DiBgd, Haplochromis, Kevmin, Putnik, 1 anonymous edits

Datei:Giraffen.jpg *Source*: http://de.wikipedia.org/w/index.php?title=Datei:Giraffen.jpg *License*: unknown *Contributors*: John Walker

Datei:Reptiles.jpg *Source*: http://de.wikipedia.org/w/index.php?title=Datei:Reptiles.jpg *License*: unknown *Contributors*: see respective profiles of photos

Datei:Traditional Reptilia.png *Source*: http://de.wikipedia.org/w/index.php?title=Datei:Traditional_Reptilia.png *License*: unknown *Contributors*: User:Petter Bøckman

Datei:Skull comparison.png *Source*: http://de.wikipedia.org/w/index.php?title=Datei:Skull_comparison.png *License*: unknown *Contributors*: User:Petter Bøckman, User:Preto(m)

Datei:China-Alligator.jpg *Source*: http://de.wikipedia.org/w/index.php?title=Datei:China-Alligator.jpg *License*: unknown *Contributors*: Achim Raschka, Common Good, Hydriz, Kilom691, MarkSweep, 3 anonymous edits

Datei:World.distribution.crocodilia.1.png *Source*: http://de.wikipedia.org/w/index.php?title=Datei:World.distribution.crocodilia.1.png *License*: unknown *Contributors*: User:Sarefo

Datei:Krokodile.png *Source*: http://de.wikipedia.org/w/index.php?title=Datei:Krokodile.png *License*: unknown *Contributors*: Achim Raschka, Infrogmation, Linél, Tbleher

Datei:Comparison - Crocodilia.jpg *Source*: http://de.wikipedia.org/w/index.php?title=Datei:Comparison_-_Crocodilia.jpg *License*: unknown *Contributors*: User:Hbk33, User:Postdlf, User:Tomascastelazo

Datei:Crocodile skull.jpg *Source*: http://de.wikipedia.org/w/index.php?title=Datei:Crocodile_skull.jpg *License*: unknown *Contributors*: Anaxial, Kersti Nebelsiek, Kevmin, Raul654, TwoWings

Datei:Bundesarchiv Bild 105-DOA0081, Deutsch-Ostafrika, Krokodil.jpg *Source*: http://de.wikipedia.org/w/index.php?title=Datei:Bundesarchiv_Bild_105-DOA0081,_Deutsch-Ostafrika,_Krokodil.jpg *License*: unknown *Contributors*: Kevmin, Kilom691, Martin H., ZooPro

Datei:American alligator head.JPG *Source*: http://de.wikipedia.org/w/index.php?title=Datei:American_alligator_head.JPG *License*: unknown *Contributors*: Original uploader was Stephenx77 at en.wikipedia

Datei:Krokodil_klauen.jpg *Source*: http://de.wikipedia.org/w/index.php?title=Datei:Krokodil_klauen.jpg *License*: unknown *Contributors*: Gerbil, Pixumilian

Datei:Glattstirnkaiman.JPG *Source*: http://de.wikipedia.org/w/index.php?title=Datei:Glattstirnkaiman.JPG *License*: unknown *Contributors*: User:Achim Raschka

Datei:Leptosuchus.jpg *Source*: http://de.wikipedia.org/w/index.php?title=Datei:Leptosuchus.jpg *License*: unknown *Contributors*: Original uploader was TomCatX at de.wikipedia

Datei:Aetosauria Desmatosuchus haplocerus.jpg *Source*: http://de.wikipedia.org/w/index.php?title=Datei:Aetosauria_Desmatosuchus_haplocerus.jpg *License*: unknown *Contributors*: Original uploader was TomCatX at de.wikipedia

Datei:Rauisuchia Postosuchus kirkpatricki.png *Source*: http://de.wikipedia.org/w/index.php?title=Datei:Rauisuchia_Postosuchus_kirkpatricki.png *License*: unknown *Contributors*: National Park Sevice

Datei:Sarcosuchus skull.JPG *Source*: http://de.wikipedia.org/w/index.php?title=Datei:Sarcosuchus_skull.JPG *License*: unknown *Contributors*: Barracuda1983, Compance, Glenn, Haplochromis, Kevmin, Kilom691, LadyofHats, Nono64, 3 anonymous edits

Datei:Dyrosaurus BW.jpg *Source*: http://de.wikipedia.org/w/index.php?title=Datei:Dyrosaurus_BW.jpg *License*: unknown *Contributors*: User:ArthurWeasley

Datei:Diplocynodon_darwini_01.jpg *Source*: http://de.wikipedia.org/w/index.php?title=Datei:Diplocynodon_darwini_01.jpg *License*: unknown *Contributors*: User:Kuebi

Datei:Sundagavial.jpg *Source*: http://de.wikipedia.org/w/index.php?title=Datei:Sundagavial.jpg *License*: unknown *Contributors*: User:Achim Raschka

Datei:Egypt.Sobek.01.jpg *Source*: http://de.wikipedia.org/w/index.php?title=Datei:Egypt.Sobek.01.jpg *License*: unknown *Contributors*: Aoineko, Hajor, JMCC1, Kajk

Datei:Neptun krok.jpg *Source*: http://de.wikipedia.org/w/index.php?title=Datei:Neptun_krok.jpg *License*: unknown *Contributors*: User:Necrophorus

Datei:Lacoste_logo.svg *Source*: http://de.wikipedia.org/w/index.php?title=Datei:Lacoste_logo.svg *License*: unknown *Contributors*: Benutzer:Marsupilami

Datei:Leistenkrokodil.jpg *Source*: http://de.wikipedia.org/w/index.php?title=Datei:Leistenkrokodil.jpg *License*: unknown *Contributors*: Bidgee, Comacontrol, 4 anonymous edits

Datei:Nilkrokodile.jpg *Source*: http://de.wikipedia.org/w/index.php?title=Datei:Nilkrokodile.jpg *License*: unknown *Contributors*: Dysmachus, Head, JackyR, Kilom691, L.m.k, 1 anonymous edits

Datei:CROCO840.JPG *Source*: http://de.wikipedia.org/w/index.php?title=Datei:CROCO840.JPG *License*: unknown *Contributors*: Da, EugeneZelenko, Foroa, Hdamm, Mattes, Ranveig, Takeaway

Datei:A miss. berlin 1.JPG *Source*: http://de.wikipedia.org/w/index.php?title=Datei:A_miss._berlin_1.JPG *License*: unknown *Contributors*: User:Achim Raschka

Datei:Crocodylus Distribution.png *Source*: http://de.wikipedia.org/w/index.php?title=Datei:Crocodylus_Distribution.png *License*: unknown *Contributors*: User:Sagqs

Datei:Duméril Auguste 1812-1870.png *Source*: http://de.wikipedia.org/w/index.php?title=Datei:Duméril_Auguste_1812-1870.png *License*: unknown *Contributors*: Kelson, Mu, Valérie75, Zil

Image:Bibron Gabriel 1806-1848.png *Source*: http://de.wikipedia.org/w/index.php?title=Datei:Bibron_Gabriel_1806-1848.png *License*: unknown *Contributors*: Mu, Valérie75, Zil

Datei:MiddleAmerica-pol.jpg *Source*: http://de.wikipedia.org/w/index.php?title=Datei:MiddleAmerica-pol.jpg *License*: unknown *Contributors*: Amada44, Corticopious, Deadstar, Shadowxfox, 1 anonymous edits

Datei:Crocodylus acutus mexico 02.jpg *Source*: http://de.wikipedia.org/w/index.php?title=Datei:Crocodylus_acutus_mexico_02.jpg *License*: unknown *Contributors*: Tomás Castelazo

Bild:Crocodylus acutus Distribution.png *Source*: http://de.wikipedia.org/w/index.php?title=Datei:Crocodylus_acutus_Distribution.png *License*: unknown *Contributors*: Achim Raschka, Duesentrieb, Linél, 2 anonymous edits

Bild:Crocodylus acutus mexico 01.jpg *Source*: http://de.wikipedia.org/w/index.php?title=Datei:Crocodylus_acutus_mexico_01.jpg *License*: unknown *Contributors*: Tomás Castelazo

Bild:Human_skull_side_bones_numbered.svg *Source*: http://de.wikipedia.org/w/index.php?title=Datei:Human_skull_side_bones_numbered.svg *License*: unknown *Contributors*: user:LadyofHats

Datei:Nasal bone (sheep).jpg *Source*: http://de.wikipedia.org/w/index.php?title=Datei:Nasal_bone_(sheep).jpg *License*: unknown *Contributors*: User:Uwe Gille

Datei:BrokenNose.jpg *Source*: http://de.wikipedia.org/w/index.php?title=Datei:BrokenNose.jpg *License*: unknown *Contributors*: Al3xil, Alison, Angr, Flominator, GeorgHH, Grafite, Hellerhoff, Man vyi, Manuel Anastácio, RosarioVanTulpe, Túrelio, 2 anonymous edits

Datei:Coat of arms of Tamaulipas.svg *Source*: http://de.wikipedia.org/w/index.php?title=Datei:Coat_of_arms_of_Tamaulipas.svg *License*: unknown *Contributors*: Heraldry, TownDown

Bild:Tamaulipas in Mexico (location map scheme).svg *Source*: http://de.wikipedia.org/w/index.php?title=Datei:Tamaulipas_in_Mexico_(location_map_scheme).svg *License*: unknown *Contributors*: TUBS

Datei:Yucatan peninsula 250m.jpg *Source*: http://de.wikipedia.org/w/index.php?title=Datei:Yucatan_peninsula_250m.jpg *License*: unknown *Contributors*: Dominik, Duesentrieb, Juiced lemon, Kevyn, Maclemo, Ranveig, Thelmadatter, Twthmoses

Datei:Yucatán Peninsula.png *Source*: http://de.wikipedia.org/w/index.php?title=Datei:Yucatán_Peninsula.png *License*: unknown *Contributors*: Original uploader was Fresheneesz at en.wikipedia. Later version(s) were uploaded by CJLL Wright at en.wikipedia.

Datei:Roys Provinces.png *Source*: http://de.wikipedia.org/w/index.php?title=Datei:Roys_Provinces.png *License*: unknown *Contributors*: User:HJPD

Datei:Yucatan Conquest.jpg *Source*: http://de.wikipedia.org/w/index.php?title=Datei:Yucatan_Conquest.jpg *License*: unknown *Contributors*: User:HJPD

Datei:Flag_of_the_Republic_of_Yucatan.svg *Source*: http://de.wikipedia.org/w/index.php?title=Datei:Flag_of_the_Republic_of_Yucatan.svg *License*: unknown *Contributors*: Heraldry, Marrovi, Smooth O, TownDown

Datei:Yucatan Geologie.jpg *Source*: http://de.wikipedia.org/w/index.php?title=Datei:Yucatan_Geologie.jpg *License*: unknown *Contributors*: User:HJPD

Datei:Yucatan Bewuchs.jpg *Source*: http://de.wikipedia.org/w/index.php?title=Datei:Yucatan_Bewuchs.jpg *License*: unknown *Contributors*: User:HJPD

Datei:Der Davos See.jpg *Source*: http://de.wikipedia.org/w/index.php?title=Datei:Der_Davos_See.jpg *License*: unknown *Contributors*: Günter Wieschendahl

Datei:Wasserverteilung_auf_der_Erde.png *Source*: http://de.wikipedia.org/w/index.php?title=Datei:Wasserverteilung_auf_der_Erde.png *License*: unknown *Contributors*: USGS

Datei:Biological classification de.svg *Source*: http://de.wikipedia.org/w/index.php?title=Datei:Biological_classification_de.svg *License*: unknown *Contributors*: User:Pengo, User:TomCatX

Datei:Alligator mississippiensis - Oasis Park - 13.jpg *Source*: http://de.wikipedia.org/w/index.php?title=Datei:Alligator_mississippiensis_-_Oasis_Park_-_13.jpg *License*: unknown *Contributors*: User:NorbertNagel

Datei:Alligator mississippiensis - Oasis Park - 12.jpg *Source*: http://de.wikipedia.org/w/index.php?title=Datei:Alligator_mississippiensis_-_Oasis_Park_-_12.jpg *License*: unknown *Contributors*: User:NorbertNagel

Datei:Everglades-Park alligator.JPG *Source*: http://de.wikipedia.org/w/index.php?title=Datei:Everglades-Park_alligator.JPG *License*: unknown *Contributors*: User:Hein.Mück

Datei:Alligator_Schild.JPG *Source*: http://de.wikipedia.org/w/index.php?title=Datei:Alligator_Schild.JPG *License*: unknown *Contributors*: RoFra. Original uploader was RoFra at de.wikipedia

Datei:Indian Gharial Crocodile Digon3.JPG *Source*: http://de.wikipedia.org/w/index.php?title=Datei:Indian_Gharial_Crocodile_Digon3.JPG *License*: unknown *Contributors*: User:digon3

Datei:PHOTO 2006-01-03 123444 resize resize.JPG *Source*: http://de.wikipedia.org/w/index.php?title=Datei:PHOTO_2006-01-03_123444_resize_resize.JPG *License*: unknown *Contributors*: Kersti Nebelsiek, Maksim, 2 anonymous edits

Datei:Gavialis gangeticus Distribution.png *Source*: http://de.wikipedia.org/w/index.php?title=Datei:Gavialis_gangeticus_Distribution.png *License*: unknown *Contributors*: Achim Raschka, Duesentrieb, Liné1, Stannered, 1 anonymous edits

Datei:Unknown crocodile.JPG *Source*: http://de.wikipedia.org/w/index.php?title=Datei:Unknown_crocodile.JPG *License*: unknown *Contributors*: User:digon3

Datei:SaltwaterCrocodile('Maximo').jpg *Source*: http://de.wikipedia.org/w/index.php?title=Datei:SaltwaterCrocodile('Maximo').jpg *License*: unknown *Contributors*: Obtained from Molly Ebersold of the St. Augustine Alligator Farm

Datei:Crocodile_Crocodylus-porosus_amk2.jpg *Source*: http://de.wikipedia.org/w/index.php?title=Datei:Crocodile_Crocodylus-porosus_amk2.jpg *License*: unknown *Contributors*: User:AngMoKio

Datei:Crocodile marin Thoiry 19803.jpg *Source*: http://de.wikipedia.org/w/index.php?title=Datei:Crocodile_marin_Thoiry_19803.jpg *License*: unknown *Contributors*: User:Vassil

Datei:Crocodile marin Thoiry 19802.jpg *Source*: http://de.wikipedia.org/w/index.php?title=Datei:Crocodile_marin_Thoiry_19802.jpg *License*: unknown *Contributors*: User:Vassil

Datei:Crocodile marin Thoiry 19801.jpg *Source*: http://de.wikipedia.org/w/index.php?title=Datei:Crocodile_marin_Thoiry_19801.jpg *License*: unknown *Contributors*: User:Vassil

Datei:Tail of Saltie in Yellow Water Billabong.jpg *Source*: http://de.wikipedia.org/w/index.php?title=Datei:Tail_of_Saltie_in_Yellow_Water_Billabong.jpg *License*: unknown *Contributors*: User:Pc-espe

Datei:Crocodylus porosus Distribution.png *Source*: http://de.wikipedia.org/w/index.php?title=Datei:Crocodylus_porosus_Distribution.png *License*: unknown *Contributors*: Achim Raschka, Duesentrieb, Liné1, 1 anonymous edits

Datei:Leistenkrokodil HartleysCreekCrocodileFarm.JPG *Source*: http://de.wikipedia.org/w/index.php?title=Datei:Leistenkrokodil_HartleysCreekCrocodileFarm.JPG *License*: unknown *Contributors*: MeisterHaag

Datei:Darwin 6261.jpg *Source*: http://de.wikipedia.org/w/index.php?title=Datei:Darwin_6261.jpg *License*: unknown *Contributors*: Toursim NT

Datei:Kakadu 2430.jpg *Source*: http://de.wikipedia.org/w/index.php?title=Datei:Kakadu_2430.jpg *License*: unknown *Contributors*: Toursim NT

Datei:Crocodile Warning Dili.jpg *Source*: http://de.wikipedia.org/w/index.php?title=Datei:Crocodile_Warning_Dili.jpg *License*: unknown *Contributors*: Alex Castro

Datei:Krokodilmenu fg1.jpg *Source*: http://de.wikipedia.org/w/index.php?title=Datei:Krokodilmenu_fg1.jpg *License*: unknown *Contributors*: User:Dysmachus

Datei:NileCrocodile.jpg *Source*: http://de.wikipedia.org/w/index.php?title=Datei:NileCrocodile.jpg *License*: unknown *Contributors*: Dewet, Dysmachus, Foroa, Shauni, 2 anonymous edits

Bild:Crocodylus niloticus Distribution.png *Source*: http://de.wikipedia.org/w/index.php?title=Datei:Crocodylus_niloticus_Distribution.png *License*: unknown *Contributors*: Achim Raschka, Duesentrieb, Kilom691, Liné1, 1 anonymous edits

Bild:Crocodylus niloticus-x.jpg *Source*: http://de.wikipedia.org/w/index.php?title=Datei:Crocodylus_niloticus-x.jpg *License*: unknown *Contributors*: User:Haplochromis

Bild:Egypt.Sobek.01.jpg *Source*: http://de.wikipedia.org/w/index.php?title=Datei:Egypt.Sobek.01.jpg *License*: unknown *Contributors*: Aoineko, Hajor, JMCC1, Kajk

Datei:Crocodylus rhombifer.jpg *Source*: http://de.wikipedia.org/w/index.php?title=Datei:Crocodylus_rhombifer.jpg *License*: unknown *Contributors*: Dysmachus, Geofrog, Guérin Nicolas, Kersti Nebelsiek, Taragui, 1 anonymous edits

Image:Crocodylus rhombifer Distribution.png *Source*: http://de.wikipedia.org/w/index.php?title=Datei:Crocodylus_rhombifer_Distribution.png *License*: unknown *Contributors*: Achim Raschka, Duesentrieb, Liné1, 1 anonymous edits

Datei:Croc inter.jpg *Source*: http://de.wikipedia.org/w/index.php?title=Datei:Croc_inter.jpg *License*: unknown *Contributors*: Aliman5040, Dysmachus, Mauriciogq, Parpan05, 2 anonymous edits

Datei:Crocodylus intermedius Distribution.png *Source*: http://de.wikipedia.org/w/index.php?title=Datei:Crocodylus_intermedius_Distribution.png *License*: unknown *Contributors*: Achim Raschka, Duesentrieb, Liné1, 1 anonymous edits

Datei:Flickr - Rainbirder - Marsh Mugger.jpg *Source*: http://de.wikipedia.org/w/index.php?title=Datei:Flickr_-_Rainbirder_-_Marsh_Mugger.jpg *License*: unknown *Contributors*: Steve Garvie from Dunfermline, Fife, Scotland

Datei:Crocodylus palustris Distribution.png *Source*: http://de.wikipedia.org/w/index.php?title=Datei:Crocodylus_palustris_Distribution.png *License*: unknown *Contributors*: Achim Raschka, Duesentrieb, Liné1, 1 anonymous edits

Datei:CROCO810.JPG *Source*: http://de.wikipedia.org/w/index.php?title=Datei:CROCO810.JPG *License*: unknown *Contributors*: Da, EugeneZelenko, Hdamm, Takeaway, 1 anonymous edits

Datei:Crocodylus siamensis Distribution.png *Source*: http://de.wikipedia.org/w/index.php?title=Datei:Crocodylus_siamensis_Distribution.png *License*: unknown *Contributors*: Achim Raschka, Duesentrieb, Liné1, 1 anonymous edits

Datei:CROCO864.JPG *Source*: http://de.wikipedia.org/w/index.php?title=Datei:CROCO864.JPG *License*: unknown *Contributors*: Da, EugeneZelenko, Foroa, Hdamm, Takeaway, 1 anonymous edits

Datei:Siamcroc.JPG *Source*: http://de.wikipedia.org/w/index.php?title=Datei:Siamcroc.JPG *License*: unknown *Contributors*: Dr.emmettbrown, 1 anonymous edits

Datei:Croc.jpg *Source*: http://de.wikipedia.org/w/index.php?title=Datei:Croc.jpg *License*: unknown *Contributors*: FlickrLickr, 1 anonymous edits

Datei:Crocodylus mindorensis Distribution.png *Source*: http://de.wikipedia.org/w/index.php?title=Datei:Crocodylus_mindorensis_Distribution.png *License*: unknown *Contributors*: Achim Raschka, Duesentrieb, Liné1

GNU Free Documentation License Version 1.2, November 2002 Copyright (C) 2000,2001,2002 Free Software Foundation, Inc. 59 Temple Place, Suite 330, Boston, MA 02111-1307 USA Everyone is permitted to copy and distribute verbatim copies of this license document, but changing it is not allowed.

0. PREAMBLE

The purpose of this License is to make a manual, textbook, or other functional and useful document "free" in the sense of freedom: to assure everyone the effective freedom to copy and redistribute it, with or without modifying it, either commercially or noncommercially. Secondarily, this License preserves for the author and publisher a way to get credit for their work, while not being considered responsible for modifications made by others. This License is a kind of "copyleft", which means that derivative works of the document must themselves be free in the same sense. It complements the GNU General Public License, which is a copyleft license designed for free software. We have designed this License in order to use it for manuals for free software, because free software needs free documentation: a free program should come with manuals providing the same freedoms that the software does. But this License is not limited to software manuals; it can be used for any textual work, regardless of subject matter or whether it is published as a printed book. We recommend this License principally for works whose purpose is instruction or reference.

1. APPLICABILITY AND DEFINITIONS

This License applies to any manual or other work, in any medium, that contains a notice placed by the copyright holder saying it can be distributed under the terms of this License. Such a notice grants a world-wide, royalty-free license, unlimited in duration, to use that work under the conditions stated herein. The "Document", below, refers to any such manual or work. Any member of the public is a licensee, and is addressed as "you". You accept the license if you copy, modify or distribute the work in a way requiring permission under copyright law. A "Modified Version" of the Document means any work containing the Document or a portion of it, either copied verbatim, or with modifications and/or translated into another language. A "Secondary Section" is a named appendix or a front-matter section of the Document that deals exclusively with the relationship of the publishers or authors of the Document to the Document's overall subject (or to related matters) and contains nothing that could fall directly within that overall subject. (Thus, if the Document is in part a textbook of mathematics, a Secondary Section may not explain any mathematics.) The relationship could be a matter of historical connection with the subject or with related matters, or of legal, commercial, philosophical, ethical or political position regarding them. The "Invariant Sections" are certain Secondary Sections whose titles are designated, as being those of Invariant Sections, in the notice that says that the Document is released under this License. If a section does not fit the above definition of Secondary then it is not allowed to be designated as Invariant. The Document may contain zero Invariant Sections. If the Document does not identify any Invariant Sections then there are none. The "Cover Texts" are certain short passages of text that are listed, as Front-Cover Texts or Back-Cover Texts, in the notice that says that the Document is released under this License. A Front-Cover Text may be at most 5 words, and a Back-Cover Text may be at most 25 words. A "Transparent" copy of the Document means a machine-readable copy, represented in a format whose specification is available to the general public, that is suitable for revising the document straightforwardly with generic text editors or (for images composed of pixels) generic paint programs or (for drawings) some widely available drawing editor, and that is suitable for input to text formatters or for automatic translation to a variety of formats suitable for input to text formatters. A copy made in an otherwise Transparent file format whose markup, or absence of markup, has been arranged to thwart or discourage subsequent modification by readers is not Transparent. An image format is not Transparent if used for any substantial amount of text. A copy that is not "Transparent" is called "Opaque". Examples of suitable formats for Transparent copies include plain ASCII without markup, Texinfo input format, LaTeX input format, SGML or XML using a publicly available DTD, and standard-conforming simple HTML, PostScript or PDF designed for human modification. Examples of transparent image formats include PNG, XCF and JPG. Opaque formats include proprietary formats that can be read and edited only by proprietary word processors, SGML or XML for which the DTD and/or processing tools are not generally available, and the machine-generated HTML, PostScript or PDF produced by some word processors for output purposes only. The "Title Page" means, for a printed book, the title page itself, plus such following pages as are needed to hold, legibly, the material this License requires to appear in the title page. For works in formats which do not have any title page as such, "Title Page" means the text near the most prominent appearance of the work's title, preceding the beginning of the body of the text. A section "Entitled XYZ" means a named subunit of the Document whose title either is precisely XYZ or contains XYZ in parentheses following text that translates XYZ in another language. (Here XYZ stands for a specific section name mentioned below, such as "Acknowledgements", "Dedications", "Endorsements", or "History".) To "Preserve the Title" of such a section when you modify the Document means that it remains a section "Entitled XYZ" according to this definition. The Document may include Warranty Disclaimers next to the notice which states that this License applies to the Document. These Warranty Disclaimers are considered to be included by reference in this License, but only as regards disclaiming warranties: any other implication that these Warranty Disclaimers may have is void and has no effect on the meaning of this License.

2. VERBATIM COPYING

You may copy and distribute the Document in any medium, either commercially or noncommercially, provided that this License, the copyright notices, and the license notice saying this License applies to the Document are reproduced in all copies, and that you add no other conditions whatsoever to those of this License. You may not use technical measures to obstruct or control the reading or further copying of the copies you make or distribute. However, you may accept compensation in exchange for copies. If you distribute a large enough number of copies you must also follow the conditions in section 3. You may also lend copies, under the same conditions stated above, and you may publicly display copies.

3. COPYING IN QUANTITY

If you publish printed copies (or copies in media that commonly have printed covers) of the Document, numbering more than 100, and the Document's license notice requires Cover Texts, you must enclose the copies in covers that carry, clearly and legibly, all these Cover Texts: Front-Cover Texts on the front cover, and Back-Cover Texts on the back cover. Both covers must also clearly and legibly identify you as the publisher of these copies. The front cover must present the full title with all words of the title equally prominent and visible. You may add other material on the covers in addition. Copying with changes limited to the covers, as long as they preserve the title of the Document and satisfy these conditions, can be treated as verbatim copying in other respects. If the required texts for either cover are too voluminous to fit legibly, you should put the first ones listed (as many as fit reasonably) on the actual cover, and continue the rest onto adjacent pages. If you publish or distribute Opaque copies of the Document numbering more than 100, you must either include a machine-readable Transparent copy along with each Opaque copy, or state in or with each Opaque copy a computer-network location from which the general network-using public has access to download using public-standard network protocols a complete Transparent copy of the Document, free of added material. If you use the latter option, you must take reasonably prudent steps, when you begin distribution of Opaque copies in quantity, to ensure that this Transparent copy will remain thus accessible at the stated location until at least one year after the last time you distribute an Opaque copy (directly or through your agents or retailers) of that edition to the public. It is requested, but not required, that you contact the authors of the Document well before redistributing any large number of copies, to give them a chance to provide you with an updated version of the Document.

4. MODIFICATIONS

You may copy and distribute a Modified Version of the Document under the conditions of sections 2 and 3 above, provided that you release the Modified Version under precisely this License, with the Modified Version filling the role of the Document, thus licensing distribution and modification of the Modified Version to whoever possesses a copy of it. In addition, you must do these things in the Modified Version: A. Use in the Title Page (and on the covers, if any) a title distinct from that of the Document, and from those of previous versions (which should, if there were any, be listed in the History section of the Document). You may use the same title as a previous version if the original publisher of that version gives permission. B. List on the Title Page, as authors, one or more persons or entities responsible for authorship of the modifications in the Modified Version, together with at least five of the principal authors of the Document (all of its principal authors, if it has fewer than five), unless they release you from this requirement. C. State on the Title page the name of the publisher of the Modified Version, as the publisher. D. Preserve all the copyright notices of the Document. E. Add an appropriate copyright notice for your modifications adjacent to the other copyright notices. F. Include, immediately after the copyright notices, a license notice giving the public permission to use the Modified Version under the terms of this License, in the form shown in the Addendum below. G. Preserve in that license notice the full lists of Invariant Sections and required Cover Texts given in the Document's license notice. H. Include an unaltered copy of this License. I. Preserve the section Entitled "History", Preserve its Title, and add to it an item stating at least the title, year, new authors, and publisher of the Modified Version as given on the Title Page. If there is no section Entitled "History" in the Document, create one stating the title, year, authors, and publisher of the Document as given on its Title Page, then add an item describing the Modified Version as stated in the previous sentence. J. Preserve the network location, if any, given in the Document for public access to a Transparent copy of the Document, and likewise the network locations given in the Document for previous versions it was based on. These may be placed in the "History" section. You may omit a network location for a work that was published at least four years before the Document itself, or if the original publisher of the version it refers to gives permission. K. For any section Entitled "Acknowledgements" or "Dedications", Preserve the Title of the section, and preserve in the section all the substance and tone of each of the contributor acknowledgements and/or dedications given therein. L. Preserve all the Invariant Sections of the Document, unaltered in their text and in their titles. Section numbers or the equivalent are not considered part of the section titles. M. Delete any section Entitled "Endorsements". Such a section may not be included in the Modified Version. N. Do not retitle any existing section to be Entitled "Endorsements" or to conflict in title with any Invariant Section. O. Preserve any Warranty Disclaimers. If the Modified Version includes new front-matter sections or appendices that qualify as Secondary Sections and contain no material copied from the Document, you may at your option designate some or all of these sections as invariant. To do this, add their titles to the list of Invariant Sections in the Modified Version's license notice. These titles must be distinct from any other section titles. You may add a section Entitled "Endorsements", provided it contains nothing but endorsements of your Modified Version by various parties--for example, statements of peer review or that the text has been approved by an organization as the authoritative definition of a standard. You may add a passage of up to five words as a Front-Cover Text, and a passage of up to 25 words as a Back-Cover Text, to the end of the list of Cover Texts in the Modified Version. Only one passage of Front-Cover Text and one of Back-Cover Text may be added by (or through arrangements made by) any one entity. If the Document already includes a cover text for the same cover, previously added by you or by arrangement made by the same entity you are acting on behalf of, you may not add another; but you may replace the old one, on explicit permission from the previous publisher that added the old one. The author(s) and publisher(s) of the Document do not by this License give permission to use their names for publicity for or to assert or imply endorsement of any Modified Version.

5. COMBINING DOCUMENTS

You may combine the Document with other documents released under this License, under the terms defined in section 4 above for modified versions, provided that you include in the combination all of the Invariant Sections of all of the original documents, unmodified, and list them all as Invariant Sections of your combined work in its license notice, and that you preserve all their Warranty Disclaimers. The combined work need only contain one copy of this License, and multiple identical Invariant Sections may be replaced with a single copy. If there are multiple Invariant Sections with the same name but different contents, make the title of each such section unique by adding at the end of it, in parentheses, the name of the original author or publisher of that section if known, or else a unique number. Make the same adjustment to the section titles in the list of Invariant Sections in the license notice of the combined work. In the combination, you must combine any sections Entitled "History" in the various original documents, forming one section Entitled "History"; likewise combine any sections Entitled "Acknowledgements", and any sections Entitled "Dedications". You must delete all sections Entitled "Endorsements".

6. COLLECTIONS OF DOCUMENTS

You may make a collection consisting of the Document and other documents released under this License, and replace the individual copies of this License in the various documents with a single copy that is included in the collection, provided that you follow the rules of this License for verbatim copying of each of the documents in all other respects. You may extract a single document from such a collection, and distribute it individually under this License, provided you insert a copy of this License into the extracted document, and follow this License in all other respects regarding verbatim copying of that document.

7. AGGREGATION WITH INDEPENDENT WORKS

A compilation of the Document or its derivatives with other separate and independent documents or works, in or on a volume of a storage or distribution medium, is called an "aggregate" if the copyright resulting from the compilation is not used to limit the legal rights of the compilation's users beyond what the individual works permit. When the Document is included in an aggregate, this License does not apply to the other works in the aggregate which are not themselves derivative works of the Document. If the Cover Text requirement of section 3 is applicable to these copies of the Document, then if the Document is less than one half of the entire aggregate, the Document's Cover Texts may be placed on covers that bracket the Document within the aggregate, or the electronic equivalent of covers if the Document is in electronic form. Otherwise they must appear on printed covers that bracket the whole aggregate.

8. TRANSLATION

Translation is considered a kind of modification, so you may distribute translations of the Document under the terms of section 4. Replacing Invariant Sections with translations requires special permission from their copyright holders, but you may include translations of some or all Invariant Sections in addition to the original versions of these Invariant Sections. You may include a translation of this License, and all the license notices in the Document, and any Warranty Disclaimers, provided that you also include the original English version of this License and the original versions of those notices and disclaimers. In case of a disagreement between the translation and the original version of this License or a notice or disclaimer, the original version will prevail. If a section in the Document is Entitled "Acknowledgements", "Dedications", or "History", the requirement (section 4) to Preserve its Title (section 1) will typically require changing the actual title.

9. TERMINATION

You may not copy, modify, sublicense, or distribute the Document except as expressly provided for under this License. Any other attempt to copy, modify, sublicense or distribute the Document is void, and will automatically terminate your rights under this License. However, parties who have received copies, or rights, from you under this License will not have their licenses terminated so long as such parties remain in full compliance.

10. FUTURE REVISIONS OF THIS LICENSE

The Free Software Foundation may publish new, revised versions of the GNU Free Documentation License from time to time. Such new versions will be similar in spirit to the present version, but may differ in detail to address new problems or concerns. See http://www.gnu.org/copyleft/. Each version of the License is given a distinguishing version number. If the Document specifies that a particular numbered version of this License "or any later version" applies to it, you have the option of following the terms and conditions either of that specified version or of any later version that has been published (not as a draft) by the Free Software Foundation. If the Document does not specify a version number of this License, you may choose any version ever published (not as a draft) by the Free Software Foundation. ADDENDUM: How to use this License for your documents To use this License in a document you have written, include a copy of the License in the document and put the following copyright and license notices just after the title page: Copyright (c) YEAR YOUR NAME. Permission is granted to copy, distribute and/or modify this document under the terms of the GNU Free Documentation License, Version 1.2 or any later version published by the Free Software Foundation; with no Invariant Sections, no Front-Cover Texts, and no Back-Cover Texts. A copy of the license is included in the section entitled "GNU Free Documentation License". If you have Invariant Sections, Front-Cover Texts and Back-Cover Texts, replace the "with...Texts." line with this: with the Invariant Sections being LIST THEIR TITLES, with the Front-Cover Texts being LIST, and with the Back-Cover Texts being LIST. If you have Invariant Sections without Cover Texts, or some other combination of the three, merge those two alternatives to suit the situation. If your document contains nontrivial examples of program code, we recommend releasing these examples in parallel under your choice of free software license, such as the GNU General Public License, to permit their use in free software.

Printed by Books on Demand GmbH, Norderstedt / Germany